TEORIA UN

Stephen W. Hawking s-a născut pe 8 ianuarie 1942, exact în ziua când se împlineau trei sute de ani de la moartea lui Galileo Galilei. După studii la Oxford şi un doctorat susţinut la Cambridge, Hawking devine titularul Catedrei de matematică de la Cambridge, catedră în fruntea căreia s-a aflat, cu trei secole în urmă, Isaac Newton.

Împreună cu Roger Penrose a elaborat teoria asupra găurilor negre şi a demonstrat că, în conformitate cu relativitatea generală, spaţiul şi timpul trebuie să fi avut un început în marea explozie (Big Bang). În ciuda unei boli care l-a ţintuit în scaunul cu rotile, Hawking şi-a continuat cercetările, aflându-se în prima linie a fizicienilor care caută o teorie unificatoare ce ar explica întregul univers. Pe de altă parte, a publicat lucrări destinate publicului larg, în care a oferit o imagine intuitivă asupra cercetărilor de vârf din fizica fundamentală. Este, probabil, cel mai cunoscut fizician de la Einstein încoace.

La Editura Humanitas au apărut: *Scurtă istorie a timpului* (1994); *Visul lui Einstein şi alte eseuri* (1997); *Universul într-o coajă de nucă* (2004); (împreună cu Leonard Mlodinow) *O mai scurtă istorie a timpului* (2007) şi *Marele plan* (2012); *Teoria universală. Originea şi soarta universului* (2014); (împreună cu Lucy Hawking) *George şi cheia secretă a universului* (2009), *George în căutare de comori prin Cosmos* (2010) şi *George şi Big Bangul* (2012). Biografia sa este relatată în *Scurtă istorie a vieţii mele* (2015), precum şi în cartea lui Jane Hawking *Dragostea are 11 dimensiuni: Viaţa mea cu Stephen Hawking* (trad. rom. Humanitas, 2013).

STEPHEN W. HAWKING

TEORIA UNIVERSALĂ

Originea şi soarta universului

Traducere din engleză de
MIRELA BĂBĂLÎC

HUMANITAS
BUCUREŞTI

Redactor: Vlad Zografi
Coperta: Ioana Nedelcu
Tehnoredactor: Manuela Măxineanu
DTP: Iuliana Constantinescu, Dan Dulgheru
Corector: Cristina Jelescu

Tipărit la Proeditură şi Tipografie

Stephen W. Hawking
The Theory of Everything. The Origin and Fate of the Universe
Original English language edition published by Phoenix Books and Audio

Descrierea CIP a Bibliotecii Naţionale a României
Hawking, Stephen W.
Teoria universală: originea şi soarta universului /
Stephen W. Hawking, trad.: Mirela Băbălîc. – Bucureşti:
Humanitas, 2015
ISBN 978-973-50-4838-9
I. Băbălîc, Mirela (trad.)
52

EDITURA HUMANITAS
Piaţa Presei Libere 1, 013701 Bucureşti, România
tel. 021/408 83 50, fax 021/408 83 51
www.humanitas.ro

Comenzi online: www.libhumanitas.ro
Comenzi prin e-mail: vanzari@libhumanitas.ro
Comenzi telefonice: 0372 743 382; 0723 684 194

Introducere

În această serie de prelegeri voi încerca să ofer un rezumat a ceea ce credem că este istoria universului, de la big bang la găurile negre. În prima prelegere voi prezenta pe scurt ideile din trecut despre univers şi felul în care s-a ajuns la imaginea actuală. Aceasta s-ar putea numi istoria istoriei universului.

În a doua prelegere voi arăta că teoriile lui Newton şi Einstein despre gravitaţie au dus la concluzia că universul nu poate fi static; el trebuie fie să se dilate, fie să se contracte. De aici rezultă că a existat un moment, cu zece–douăzeci de miliarde de ani în urmă, când densitatea universului era infinită. Acesta poartă numele de big bang. El se presupune a fi începutul universului.

În a treia prelegere voi vorbi despre găurile negre. Ele se formează atunci când o stea masivă sau un corp şi mai mare se prăbuşeşte în sine, sub atracţia propriei sale gravitaţii. Conform relativităţii generale a lui Einstein, cel care ar fi atât de nesăbuit încât să cadă într-o gaură neagră ar fi pierdut pe veci. Nu va mai putea ieşi. Din perspectiva lui, istoria se va sfârşi într-o singularitate. Pe de altă parte însă, teoria relativității generale este o teorie clasică – nu ține cont de principiul incertitudinii din mecanica cuantică.

În a patra prelegere voi arăta că mecanica cuantică permite energiei să se scurgă afară din găurile negre. Găurile negre nu sunt chiar atât de negre pe cât se spune.

În a cincea prelegere voi aplica ideile mecanicii cuantice big bang-ului şi originii universului. Aceasta conduce la ipoteza că spațiul-timp poate fi finit, fără a avea însă o frontieră sau o margine. Ar semăna cu suprafața Pământului, dar având două dimensiuni în plus.

În prelegerea a şasea voi arăta că această ipoteză privind frontiera ar putea explica de ce trecutul e atât de diferit de viitor, deşi legile fizicii sunt simetrice în raport cu timpul.

În fine, în a şaptea prelegere voi prezenta încercările noastre de a găsi o teorie unificată care să includă mecanica cuantică, gravitația şi toate celelalte interacțiuni din fizică. Dacă vom reuşi acest lucru, vom înțelege cu adevărat universul şi locul nostru în el.

PRIMA PRELEGERE

Idei despre univers

Pe la 340 î.Cr., în cartea sa *Despre cer*, Aristotel a prezentat două argumente solide în favoarea ideii că Pământul e o minge rotundă, iar nu un disc întins. Mai întâi, el a înțeles că eclipsele de Lună sunt provocate de trecerea Pământului între Soare și Lună. Umbra Pământului pe Lună e întotdeauna rotundă, ceea ce nu e cu putință decât dacă Pământul e sferic. Dacă Pământul ar fi un disc plat, umbra lui ar fi alungită și eliptică, cu excepția cazului în care eclipsa s-ar produce de fiecare dată în momentul în care Soarele se află exact deasupra centrului discului.

În al doilea rând, grecii știau din călătoriile lor că Steaua Polară apare mai jos pe cer când e privită din sud decât atunci când e privită din regiunile nordice. Din diferența dintre pozițiile Stelei Polare atunci când e privită din Egipt și atunci când e privită din Grecia, Aristotel a estimat că circumferința Pământului este de patru sute de mii de stadii. Nu știm cu precizie ce lungime avea un stadiu, dar pesemne că era de aproximativ două sute de metri. Aceasta ar face ca estimarea lui Aristotel să fie de vreo două ori mai mare decât valoarea acceptată în prezent.

Grecii aveau şi un al treilea argument în favoarea faptului că Pământul trebuie să fie rotund, altminteri de ce atunci când apare o corabie la orizont mai întâi se văd pânzele şi abia apoi carena? Aristotel credea că Pământul rămâne nemişcat, iar Soarele, Luna, planetele şi stelele se mişcă pe orbite circulare în jurul Pământului. Credința lui se întemeia pe motive mistice: Pământul este centrul universului, iar mişcarea circulară e cea mai desăvârşită.

Ideea a fost dezvoltată de Ptolomeu, în secolul I d.Cr., într-un model cosmologic complet. Pământul era în centru, înconjurat de opt sfere pe care se aflau Luna, Soarele, stelele şi cele cinci planete cunoscute la acel moment: Mercur, Venus, Marte, Jupiter şi Saturn. Planetele se mişcau pe cercuri mai mici ataşate sferelor respective, explicându-se astfel complicatele lor traiectorii observate pe cer. Pe sfera cea mai îndepărtată se găseau aşa-numitele stele fixe, care ocupă mereu aceleaşi poziții unele în raport cu altele, dar se rotesc împreună pe bolta cerului. Ce se afla dincolo de ultima sferă nu era limpede, însă cu siguranță nu ținea de universul pe care omul îl putea observa.

Modelul lui Ptolomeu oferea un sistem suficient de precis pentru a prezice pozițiile corpurilor cereşti. Dar, pentru ca predicțiile să fie corecte, Ptolomeu a trebuit să presupună că Luna urmează o traiectorie care o aduce uneori de două ori mai aproape de Pământ decât în alte dăți. Aşadar, Luna trebuia să apară uneori de două ori mai mare decât de obicei. Ptolomeu era conştient de acest neajuns, şi totuşi modelul său a fost în general acceptat, chiar dacă nu de toată lumea. El a fost adoptat de Biserică drept imagine a universului în conformitate cu Biblia. Avea marele avantaj că lăsa mult spaţiu în afara sferei stelelor fixe pentru rai şi iad.

Un model mult mai simplu a fost propus în 1514 de un preot polonez pe nume Nicolaus Copernic. La început, temându-se că va fi acuzat de erezie, Copernic şi-a publicat modelul sub protecţia anonimatului. Ideea lui era că Soarele stă nemişcat în centrul universului, iar Pământul şi planetele se deplasează pe orbite circulare în jurul Soarelui. Din păcate pentru Copernic, a trebuit să treacă aproape un secol pentru ca această idee să fie luată în serios. Apoi, doi astronomi – germanul Johannes Kepler şi italianul Galileo Galilei – au început să susţină deschis teoria lui Copernic, în ciuda faptului că orbitele pe care le prezicea nu se potriveau perfect cu cele observate. Decesul teoriei aristotelic-ptolomaice a survenit în 1609. În acel an Galileo a început să observe cerul nopţii cu telescopul, instrument care tocmai fusese inventat.

Când a privit planeta Jupiter, Galilei a descoperit că era însoţită de câţiva sateliţi mici, sau luni, care se roteau în jurul ei. Acest fapt sugera că nu orice corp ceresc trebuia neapărat să se rotească în jurul Pământului, aşa cum crezuseră Aristotel şi Ptolomeu. Desigur, încă era cu putinţă să crezi că Pământul rămânea nemişcat în centrul universului, şi că lunile lui Jupiter se deplasau pe traiectorii extrem de complicate în jurul Pământului, lăsând impresia că se rotesc în jurul lui Jupiter. Totuşi, teoria lui Copernic era mult mai simplă.

Cam în aceeaşi vreme, Kepler a modificat teoria lui Copernic, arătând că planetele nu se mişcă pe cercuri, ci pe elipse. Acum predicţiile erau în sfârşit conforme cu observaţiile. În ceea ce-l privea pe Kepler, orbitele eliptice erau doar o ipoteză ad-hoc – una chiar respingătoare, deoarece elipsele nu aveau perfecţiunea cercurilor. După ce a descoperit aproape din întâmplare că orbitele eliptice se potriveau bine observaţiilor, nu reuşea să se împace cu ideea lui Copernic că planetele se rotesc în jurul Soarelui sub acţiunea unor forţe magnetice.

O explicaţie a fost dată abia mult mai târziu, în 1687, când Newton şi-a publicat *Principiile matematice ale filozofiei naturale*, pesemne cea mai importantă carte din istoria fizicii. Newton nu numai că a propus aici o teorie privind mişcarea corpurilor în spaţiu şi timp, ci a şi elaborat sistemul matematic necesar pentru analiza acestei mişcări. În plus, Newton a postulat o lege a gravitaţiei universale, conform căreia fiecare corp din univers este atras de toate celelalte corpuri cu o forţă care e cu atât mai puternică cu cât masele corpurilor sunt mai mari şi cu cât distanţa dintre ele e mai mică. Era vorba despre aceeaşi forţă care face ca, pe Pământ, corpurile să cadă. Povestea care spune că lui Newton i-ar fi căzut un măr în cap este aproape sigur apocrifă. Tot ce a spus Newton despre asta a fost că ideea gravitaţiei i-a venit pe când reflecta la căderea unui măr. Newton a continuat arătând că, potrivit legii sale, gravitaţia face ca Luna să se mişte pe o orbită eliptică în jurul Pământului, şi ca Pământul şi celelalte planete să urmeze traiectorii eliptice în jurul Soarelui. Modelul lui Copernic a scăpat de sferele cereşti ale lui Ptolomeu şi, odată cu ele, de ideea că universul ar avea o frontieră naturală. Stelele fixe nu păreau să-şi schimbe poziţiile relative pe măsură ce Pământul se rotea în jurul Soarelui. Era aşadar firesc să presupunem că stelele fixe erau obiecte la fel ca Soarele nostru, dar mult mai îndepărtate, ceea ce ridica o problemă. Newton şi-a dat seama că, în conformitate cu teoria sa despre gravitaţie, planetele ar trebui să se atragă între ele; se părea deci că nu puteau rămâne nemişcate. Nu vor cădea oare toate una peste alta la un moment dat?

Într-o scrisoare din 1691 către Richard Bentley, un alt gânditor de seamă din epoca sa, Newton susţinea că acest fenomen chiar s-ar întâmpla dacă ar exista numai un număr finit de stele. S-a gândit însă că, dacă ar exista un număr infinit de stele, distribuite mai mult sau mai puţin uniform într-un spaţiu infinit, fenomenul acesta nu s-ar petrece, deoarece n-ar exista un punct central în care să cadă toate. Acest argument este o dovadă a capcanelor care îţi pot ieşi în cale atunci când vorbeşti despre infinit.

Într-un univers infinit, fiecare punct poate fi considerat drept centru, deoarece are un număr infinit de stele oriunde ai privi în jurul lui. Abordarea corectă, după cum s-a înţeles abia mult mai târziu, este să consideri situaţia finită în care toate stelele cad unele peste celelalte. Ne întrebăm atunci cum s-ar schimba lucrurile dacă am adăuga mai multe stele, distribuite aproximativ uniform în afara acestei regiuni. Conform legii lui Newton, stelele suplimentare nu ar diferi cu nimic de cele inițiale, şi astfel stelele ar cădea toate în acelaşi loc la fel de repede. Putem adăuga oricât de multe stele vrem, iar acestea vor continua să cadă întotdeauna unele peste altele. Ştim acum că e imposibil să avem un model static infinit al universului în care gravitația să fie întotdeauna atractivă.

Faptul că nimeni nu s-a gândit că universul se extinde sau se contractă reflectă atmosfera intelectuală dinaintea secolului XX. Se credea în genere fie că starea universului a fost dintotdeauna aceeaşi, fie că a fost creat la un anumit moment din trecut, arătând în linii mari la fel ca azi. În parte, aceasta se datora probabil atât tendinței oamenilor de a crede în adevăruri eterne, cât şi faptului că oamenii se consolau cu gândul că, deşi ei îmbătrânesc şi mor, universul e neschimbător.

Nici măcar cei care şi-au dat seama că teoria newtoniană a gravitației arată că universul nu poate fi static nu s-au gândit că acesta ar putea fi în expansiune. Ei au încercat în schimb să modifice teoria, impunând ca forța gravitațională să fie repulsivă la distanțe foarte mari. Acest lucru nu afecta prea mult predicțiile asupra mişcării planetelor, dar permitea o distribuție infinită a stelelor pentru a rămâne în echilibru, forțele de atracție dintre stelele apropiate fiind echilibrate de forțele repulsive față de cele mai îndepărtate.

Cu toate acestea, astăzi credem că un asemenea echilibru ar fi instabil. Dacă stelele dintr-o anumită regiune s-ar apropia doar puţin mai mult unele de altele, forţele de atracţie dintre ele ar deveni mai puternice şi ar domina forţele de respingere, prin urmare stelele ar continua să cadă unele către altele. Pe de altă parte, dacă stelele s-ar îndepărta doar puţin mai mult unele de altele, forţele de respingere ar domina şi le-ar îndepărta şi mai mult.

O altă obiecţie împotriva unui univers static infinit este de obicei atribuită filozofului german Heinrich Olbers. De fapt, mai mulţi contemporani ai lui Newton au pus problema, iar articolul lui Olbers din 1823 nu era nici măcar primul care conţinea argumente plauzibile pe această temă, însă a fost primul luat în seamă. Problema este că într-un univers static infinit aproape orice linie ar ajunge pe suprafaţa unei stele. Astfel, ne-am aştepta ca întregul cer să fie la fel de strălucitor ca Soarele, chiar şi noaptea. Contraargumentul lui Olbers era că lumina de la stelele îndepărtate ar scădea, fiind absorbită de materia întâlnită în cale. Dacă s-ar întâmpla însă acest lucru, materia aceea s-ar încălzi în cele din urmă atât de mult, încât ar ajunge la fel de strălucitoare ca stelele.

Singura variantă în care s-ar evita concluzia că întregul cer al nopţii trebuie să fie la fel de strălucitor ca suprafaţa Soarelui ar fi aceea că stelele n-au fost dintotdeauna luminoase, ci s-au aprins cu un timp finit în urmă. În acest caz, materia absorbantă probabil că nu s-a încălzit încă suficient de mult, sau lumina de la stelele îndepărtate n-a ajuns încă la noi. Iar aceasta ne conduce la întrebarea ce anume ar fi putut provoca aprinderea stelelor.

ÎNCEPUTUL UNIVERSULUI

Despre începutul universului s-a discutat, fără îndoială, de foarte multă vreme. Conform vechilor tradiții iudaice, creştine şi islamice, universul a apărut cu un timp finit în urmă, nu foarte îndepărtat. Un argument în favoarea unui astfel de început a fost ideea că era nevoie de o cauză primă care să explice existența universului.

Un alt argument a fost propus de Sfântul Augustin în cartea *Cetatea lui Dumnezeu* (*De civitate Dei*). El atrăgea atenția asupra faptului că civilizația progresează, iar noi ne amintim cine a săvârşit cutare ispravă sau a născocit cutare procedeu. Astfel, omul şi pesemne şi universul nu pot exista de prea mult timp, fiindcă altminteri am fi fost deja mult mai avansați.

Sfântul Augustin accepta o dată a creării universului în jurul anului 5000 î.Cr., în conformitate cu Cartea Facerii. Este interesant că aceasta nu e foarte departe de sfârşitul ultimei ere glaciare, pe la 10 000 î.Cr., când a apărut într-adevăr civilizația. Pe de altă parte, Aristotel şi majoritatea celorlalți filozofi greci nu erau de acord cu ideea creației, deoarece presupunea o prea importantă intervenție divină. Ei credeau deci că omenirea şi lumea din jurul ei au existat dintotdeauna şi vor exista pentru totdeauna. Se gândiseră la argumentul progresului, menţionat mai sus, iar răspunsul lor era că au existat potopuri periodice sau alte dezastre naturale care au adus în repetatate rânduri omenirea înapoi la începutul civilizaţiei.

Pe vremea când majoritatea oamenilor credeau într-un univers static şi neschimbător, întrebarea dacă acesta a avut sau nu un început era considerată de natură metafizică sau teologică. Pe baza observaţiilor puteai accepta ambele variante: universul fie a existat dintotdeauna, fie a fost creat şi pus în mişcare în urmă cu un timp finit, astfel încât să arate ca şi când ar fi existat dintotdeauna. Dar în 1929 Edwin Hubble a făcut observaţia remarcabilă că, în orice parte ai privi, stelele aflate la mare distanţă se îndepărtează rapid de noi. Cu alte cuvinte, universul se află în expansiune. Aceasta înseamnă că la început corpurile cereşti au fost mult mai apropiate unele de altele. De fapt, părea să fi existat un moment, cu vreo zece sau douăzeci de miliarde de ani în urmă, când toate erau laolaltă într-un singur loc.

Această descoperire a adus în sfârşit problema începutului universului în sfera preocupărilor ştiinţifice. Observaţiile lui Hubble sugerau că a existat un moment numit big bang când universul a fost infinit de mic şi, prin urmare, infinit de dens. Dacă au existat evenimente anterioare acelui moment, ele n-ar putea influenţa ce se întâmplă în prezent. Existenţa lor poate fi ignorată, deoarece n-ar avea nici o consecinţă observabilă.

Am putea spune că timpul a avut un început la big bang, în sensul că timpul anterior pur şi simplu nu poate fi definit. Trebuie subliniat că acest început al timpului este foarte diferit de cele considerate anterior. Într-un univers neschimbător, un început al timpului poate fi impus doar de o entitate exterioară universului. Din punct de vedere fizic nu este însă necesară existența unui început. Ne putem închipui că Dumnezeu a creat universul în absolut orice moment de timp din trecut. Pe de altă parte, dacă universul se extinde, ar putea exista motive fizice pentru care trebuie să fie un început. Am putea crede mai departe că Dumnezeu a creat universul în momentul big bang-ului. El ar fi putut să-l creeze chiar şi la un moment ulterior şi să-l facă să pară că a provenit dintr-o mare explozie [*big bang*]. Dar nu ar avea sens să presupunem că a fost creat înainte de big bang. Un univers în expansiune nu exclude un creator, dar impune limite privind momentul în care El ar fi înfăptuit această creație.

A DOUA PRELEGERE

Universul în expansiune

Soarele nostru şi stelele învecinate fac parte dintr-un mare ansamblu de stele numit galaxia Calea-Lactee. Vreme îndelungată s-a crezut că întregul univers se reducea la ea. Abia în 1924 astronomul american Edwin Hubble a demonstrat că mai existau şi alte galaxii în afară de a noastră, multe altele, separate prin regiuni vaste de spaţiu gol. Pentru a demonstra acest lucru, el a trebuit să determine distanţele până la celelalte galaxii. Putem calcula distanţa până la stelele apropiate observând cum îşi schimbă poziţia pe măsură ce Pământul se roteşte în jurul Soarelui. Dar celelalte galaxii sunt atât de departe, încât, spre deosebire de stelele apropiate, ele chiar par fixe. Hubble a fost obligat aşadar să folosească metode indirecte pentru a măsura distanţele.*

Strălucirea aparentă a unei stele depinde de doi factori – luminozitatea ei şi distanţa faţă de noi.

---

* Pentru detalii privind măsurarea distanţelor până la alte galaxii, precum şi pentru o prezentare amănunţită a istoriei modelelor cosmologice, vezi Simon Singh, *Big bang*, Editura Humanitas, Bucureşti, 2012. (*N. ed.*)

Pentru stelele apropiate putem măsura atât strălucirea aparentă, cât şi distanţa până la ele, astfel încât putem determina luminozitatea lor. Invers, cunoscând luminozitatea stelelor din alte galaxii, putem calcula distanţa până la ele dacă măsurăm strălucirea lor aparentă. Hubble susţinea că există anumite tipuri de stele care au întotdeauna aceeaşi luminozitate când sunt suficient de aproape de Pământ pentru a o putea determina. Dacă am găsi aşadar astfel de stele într-o altă galaxie, am putea presupune că au aceeaşi luminozitate, deci am putea calcula distanţa până la acea galaxie. Dacă am putea face acest lucru pentru mai multe stele din aceeaşi galaxie şi dacă ar rezulta din calcule mereu aceeaşi distanţă, încrederea în estimarea noastră ar spori. În felul acesta, Edwin Hubble a calculat distanţele până la nouă galaxii.

Ştim acum că galaxia noastră este doar una din cele câteva sute de miliarde care pot fi văzute cu telescoapele moderne, fiecare galaxie conţinând câteva sute de miliarde de stele. Noi trăim într-o galaxie cu un diametru de aproximativ o sută de mii de ani-lumină, aflată într-o uşoară mişcare de rotaţie, iar stelele din braţele sale în formă de spirală efectuează o rotaţie întreagă în jurul centrului abia într-o sută de milioane de ani. Soarele nostru este doar o stea galbenă obişnuită, de mărime medie, aflată aproape de marginea exterioară a unuia dintre braţele spiralei. Am progresat fără îndoială mult de la Aristotel şi Ptolomeu, de când se credea că Pământul era centrul universului.

Stelele sunt atât de departe de noi, încât ne par a fi doar nişte puncte de lumină. Nu le putem determina mărimea sau forma. Cum am putea deci deosebi diversele tipuri de stele? Pentru marea majoritate a stelelor există o singură trăsătură caracteristică pe care o putem observa – culoarea luminii lor. Newton a descoperit că, dacă lumina provenind de la Soare trece printr-o prismă, ea se separă în culorile componente – spectrul ei – ca într-un curcubeu. Focalizând un telescop pe o anumită stea sau galaxie, putem în mod asemănător observa spectrul luminii acelei stele sau galaxii. Diferitele stele au spectre diferite, dar strălucirea relativă a diverselor culori e întotdeauna exact aceeaşi cu cea a luminii emise de un corp adus la incandescenţă. Aceasta înseamnă că putem estima temperatura unei stele cunoscând spectrul luminii ei. Mai mult, găsim că anumite culori lipsesc din spectrele stelelor, şi că aceste culori pot diferi de la o stea la alta. Ştim că fiecare element chimic absoarbe setul caracteristic de culori. Astfel, observând ce culori lipsesc din spectrul unei stele, putem determina exact ce elemente chimice sunt prezente în atmosfera ei.

În anii 1920, când astronomii au început să cerceteze spectrele stelelor din alte galaxii, ei au găsit ceva foarte ciudat: lipseau aceleaşi seturi caracteristice de culori ca pentru stelele din galaxia noastră, dar toate erau deplasate cu aceeaşi valoare relativă către capătul roşu al spectrului. Singura explicaţie rezonabilă era că galaxiile se îndepărtează de noi şi că frecvenţa luminii venită de la ele se reduce sau se deplasează spre roşu datorită efectului Doppler. Ascultaţi zgomotul făcut de o maşină care trece pe stradă. Când se apropie, zgomotul e mai ascuţit, corespunzând unei frecvențe mai înalte a undelor sonore, iar când se îndepărtează frecvența e mai joasă. Comportamentul luminii sau al undelor radiale e asemănător. De altfel, poliția folosește efectul Doppler pentru a determina viteza mașinilor măsurând frecvența pulsurilor de unde radio reflectate de ele.

În anii de după demonstrarea existenței altor galaxii, Hubble a repertoriat distanțele până la ele și a studiat spectrele lor. La vremea aceea se credea că galaxiile se deplasează aleator, așa încât era de așteptat ca specterele deplasate spre albastru să fie la fel de numeroase ca acelea deplasate spre roșu. A fost o mare surpriză când s-a văzut că toate galaxiile păreau să aibă spectrul deplasat spre roșu. Toate se îndepărtau de noi. Și mai surprinzător a fost rezultatul pe care Hubble l-a publicat în 1929: nici măcar valoarea deplasării spre roșu nu era aleatoare, ci era proporțională cu distanța de la noi la galaxie. Cu alte cuvinte, cu cât galaxia se afla mai departe, cu atât se îndepărta mai repede. Asta însemna că universul nu putea fi static, cum se credea până atunci, ci se dilata. Distanța dintre galaxii creștea permanent.

Descoperirea că universul se află în expansiune a fost una dintre marile revoluții intelectuale ale secolului XX. Privind în urmă, e ușor să te minunezi că nimeni nu se gândise la asta până atunci. Newton și ceilalți trebuiau să-și fi dat seama că un univers static ar fi început imediat să se contracte sub acțiunea gravitației. Dar să presupunem că universul nu e static, ci se extinde. Dacă s-ar extinde încet, forța gravitației l-ar face până la urmă să se oprească din expansiune, iar apoi să înceapă să se contracte. Însă, dacă s-ar extinde cu o viteză mai mare decât o anumită valoare critică, gravitația n-ar fi niciodată suficient de puternică pentru a se opune, aşa încât universul s-ar extinde la infinit. Situația aceasta seamănă oarecum cu lansarea unei rachete de pe suprafața Pământului. Dacă viteza ei e mică, gravitația va opri în cele din urmă racheta, iar aceasta va începe sa cadă înapoi spre Pământ. Dacă însă viteza rachetei e mai mare decât o anumită valoare critică – aproximativ 10 kilometri pe secundă – gravitația nu va fi suficient de puternică pentru a o trage înapoi, aşa încât ea va continua să se îndepărteze de Pământ pentru totdeauna.

Comportamentul universului putea fi prezis de teoria newtoniană a gravitației încă din secolele XIX, XVIII, ba chiar de la sfârşitul secolului XVII. Ideea unui univers static era însă atât de puternic înrădăcinată, încât a rezistat până la începutul secolului XX. Chiar şi atunci când Einstein a elaborat teoria relativității generale, în 1915, el era convins că universul trebuie să fie static. Prin urmare, şi-a modificat teoria pentru a face cu putință acest lucru, introducând în ecuațiile sale aşa-numita constantă cosmologică. Aceasta era o nouă forță „antigravitațională“ care, spre deosebire de alte forțe, nu provenea dintr-o sursă anume, ci era încorporată în chiar textura spațiului-timp. Constanta sa cosmologică dădea spațiului-timp o tendință inerentă de a se extinde, şi putea contrabalansa atât de precis atracția întregii materii din univers, încât să rezulte de aici un univers static.

Se pare că un singur om era dispus să ia relativitatea generală drept ce părea a fi. În timp ce Einstein şi alţi fizicieni căutau căi de a evita predicţia relativităţii generale că universul nu e static, fizicianul rus Aleksandr Friedmann îşi propunea s-o explice.

MODELELE FRIEDMANN

Ecuaţiile relativităţii generale, care determină evoluţia în timp a universului, sunt prea complicate ca să fie rezolvate în detaliu. Friedmann a făcut în schimb două presupuneri foarte simple despre univers: că arată identic în orice direcţie am privi, şi că acest lucru rămâne adevărat indiferent din ce loc observăm universul. Pe baza relativităţii generale şi a celor două presupuneri, Friedmann a arătat că n-ar trebui să ne aşteptăm ca universul să fie static. De fapt, încă din 1922, cu câţiva ani înainte de descoperirea lui Edwin Hubble, Friedmann prezisese exact ceea ce a găsit Hubble.

Presupunerea că universul arată la fel în toate direcţiile e clar că nu corespunde realităţii. De pildă, celelalte stele din galaxia noastră alcătuiesc o fâşie luminoasă pe întinsul cerului nopţii, numită Calea-Lactee. Dar, dacă ne uităm la galaxiile îndepărtate, în fiecare direcţie numărul lor pare să fie cam acelaşi. Prin urmare, universul pare într-adevăr să fie aproximativ la fel în orice direcţie, cu condiţia să fie privit la scară mare în comparaţie cu distanţele dintre galaxii.

Multă vreme aceasta a fost o justificare suficientă pentru presupunerea lui Friedmann – ca aproximaţie brută a universului real. Recent însă, printr-o întâmplare fericită s-a dovedit că presupunerea lui Friedmann reprezintă de fapt o descriere remarcabil de precisă a universului nostru. În 1965, doi fizicieni americani, Arno Penzias şi Robert Wilson, lucrau la laboratoarele Bell din New Jersey la proiectarea unui detector de microunde foarte sensibil, pentru comunicarea cu sateliţii. Aceştia au fost îngrijoraţi când au descoperit că detectorul lor înregistra mai mult zgomot decât ar fi trebuit, şi că zgomotul nu părea să provină dintr-o direcţie anume. La început s-au uitat dacă nu cumva căzuse pe detector murdărie de la păsări şi au examinat alte posibile defecţiuni, dar curând le-au eliminat pe toate. Ştiau că orice zgomot provenit din atmosferă e mai puternic atunci când detectorul nu e orientat direct în sus decât atunci când este, deoarece stratul atmosferic e mai gros când privim sub un unghi faţă de verticală.

Zgomotul suplimentar era acelaşi indiferent în ce direcţie era îndreptat detectorul, prin urmare trebuia să provină din afara atmosferei. În plus, în tot cursul anului, era acelaşi zi şi noapte, deşi Pământul se învârte în jurul axei sale şi se roteşte în jurul Soarelui. Aceasta arăta că radiaţia trebuie să provină de dincolo de sistemul nostru solar, ba chiar de dincolo de galaxie, altminteri ar fi variat atunci când Pământul, prin mişcarea sa, orienta detectorul în diferite direcţii.

De fapt, noi ştim că radiaţia trebuie să fi traversat în drumul spre noi aproape întreg universul observabil. Deoarece pare să fie aceeaşi în toate direcţiile, universul trebuie să arate şi el la fel în toate direcţiile, cel puţin la scară mare. Ştim acum că, în orice direcţie am privi, acest zgomot nu variază niciodată cu mai mult de 1 la 10 000. Astfel, Penzias şi Wilson dăduseră din întâmplare peste o confirmare extrem de precisă a primei presupuneri a lui Friedmann.

Tot cam pe-atunci, Bob Dicke şi Jim Peebles, doi fizicieni americani de la Universitatea Princeton aflată în vecinătate, erau la rândul lor interesaţi de microunde. Ei studiau o propunere făcută de George Gamow, fost student al lui Aleksandr Friedmann, conform căreia, la începuturile sale, universul trebuie să fi fost extrem de fierbinte şi de dens, strălucind incandescent. Dicke şi Peebles susţineau că ar trebui să vedem şi azi această strălucire, deoarece lumina provenită din regiunile foarte îndepărtate ale universului timpuriu abia acum ajungea la noi. Expansiunea universului ar fi făcut însă ca această lumină să fie atât de puternic deplasată spre roşu, încât ne-ar apărea sub formă de radiaţie de microunde. Dicke şi Peebles căutau această radiaţie atunci când Penzias şi Wilson au aflat despre cercetările lor, şi şi-au dat seama că ei o găsiseră deja. Penzias şi Wilson au primit pentru asta Premiul Nobel în 1978, ceea ce pare oarecum nedrept faţă de Dicke şi Peebles.

La prima vedere, toate aceste dovezi că universul arată la fel în orice direcţie am privi par să sugereze că ocupăm un loc aparte în univers. Din moment ce vedem că toate celelalte galaxii se îndepărtează de noi, am putea spune că suntem în centrul universului.

Există însă şi o altă explicaţie: s-ar putea ca universul să arate la fel în toate direcţiile şi dacă e privit din orice altă galaxie. Aceasta era, după cum am văzut, a doua presupunere a lui Friedmann.

Nu avem nici o dovadă ştiinţifică pro sau contra acestei presupuneri. Credem în ea doar dintr-un soi de modestie. Ar fi un lucru într-adevăr ieşit din comun ca universul să arate la fel în orice direcţie în jurul nostru, dar nu şi în jurul altor puncte din univers. În modelul lui Friedmann, toate galaxiile se îndepărtează unele de altele. Situaţia aceasta seamănă cu umflarea unui balon care are nişte pete pictate pe el. Pe măsură ce balonul se umflă, distanţa dintre pete creşte, dar nici una dintre ele nu poate fi considerată centrul expansiunii. Mai mult, cu cât petele sunt mai îndepărtate, cu atât se vor îndepărta mai repede. În modelul lui Friedmann, viteza cu care se îndepărtează oricare două galaxii una de alta este de asemenea proporţională cu distanţa dintre ele. Prin urmare, deplasarea spre roşu a spectrului unei galaxii trebuie să fie proporţională cu distanţa până la ea, exact ceea ce a descoperit Hubble.

În ciuda succesului modelului său şi a faptului că a prezis observaţiile lui Hubble, contribuţia lui Friedmann a rămas aproape necunoscută în Occident. A intrat în atenţie abia după ce, în 1935, fizicianul american Howard Robertson şi matematicianul britanic Arthur Walker au propus modele asemănătoare, ca răspuns la descoperirea lui Hubble că universul se extinde uniform.

Deşi Friedmann a găsit numai unul, există de fapt trei tipuri de modele care satisfac cele două presupuneri fundamentale ale lui Friedmann. În primul tip – cel găsit de Friedmann – universul se extinde suficient de lent pentru ca atracţia gravitaţională dintre galaxii să încetinească expansiunea şi până la urmă s-o oprească. După aceea, galaxiile încep să se apropie unele de altele, iar universul se contractă. Distanţa dintre două galaxii vecine porneşte de la zero, creşte până la un maximum, apoi scade până ajunge din nou la zero.

În al doilea tip de soluţie, universul se extinde atât de rapid, încât atracţia gravitaţională nu-l poate niciodată opri, dar îl încetineşte puţin. Distanţa dintre galaxiile învecinate, în acest model, este la început zero, iar în cele din urmă galaxiile se îndepărtează unele de altele cu viteză constantă.

În fine, în al treilea tip de model, universul se extinde exact atât de repede pentru a evita la limită prăbuşirea. În acest caz, distanţa dintre galaxii începe iarăşi de la zero şi creşte neîncetat, dar viteza cu care galaxiile se îndepărtează unele de altele devine din ce în ce mai mică, fără să ajungă însă vreodată zero.

O caracteristică remarcabilă a primului tip de model al lui Friedmann este aceea că universul nu e infinit în spaţiu, dar nici nu are vreo margine. Gravitaţia este atât de puternică, încât spaţiul se curbează închizându-se în sine, devenind asemănător suprafeţei Pământului. Dacă mergi tot înainte într-o anumită direcţie pe suprafaţa Pământului nu te loveşti niciodată de o barieră de netrecut şi nu cazi peste margine, ci ajungi în cele din urmă înapoi de unde ai pornit. Aşa arată spaţiul în primul model al lui Friedmann, numai că are trei dimensiuni în locul celor două ale suprafeţei Pământului. A patra dimensiune – timpul – are de asemenea o întindere finită, dar e o linie cu două capete sau limite, un început şi un sfârşit. Vom vedea mai târziu că, atunci când combinăm relativitatea generală cu principiul incertitudinii din mecanica cuantică, este posibil ca atât spaţiul, cât şi timpul să fie finite, fără a avea margini sau limite. Ideea că am putea să dăm ocol universului şi să ne întoarcem de unde am pornit pare ştiintifico-fantastică, dar nu prea are importanţă practică, deoarece se poate arăta că universul ar colapsa la dimensiune zero înainte de a încheia ocolul. Ar trebui să călătorim mai repede decât lumina pentru a ajunge de unde am pornit înainte de prăbuşirea universului – iar asta nu e permis.

Dar care dintre modelele lui Friedmann descrie universul nostru? Se va opri în cele din urmă universul din expansiune şi va începe să se contracte, sau se va extinde la nesfârşit? Pentru a răspunde la această întrebare trebuie să cunoaştem rata de expansiune a universului şi densitatea lui medie din momentul de faţă. Dacă densitatea e mai mică decât o anumită valoare critică, determinată de rata de expansiune, atracţia gravitaţională va fi prea slabă pentru a opri expansiunea. Dacă densitatea e mai mare decât valoarea critică, gravitaţia va opri la un moment dat expansiunea şi va face ca universul să colapseze.

Putem determina rata actuală de expansiune măsurând cu ajutorul efectului Doppler vitezele cu care galaxiile se îndepărtează de noi. Calculul poate fi efectuat cu mare precizie, însă distanțele până la galaxii nu sunt foarte bine cunoscute, pentru că nu le putem măsura decât indirect. Tot ce știm este că universul se extinde cu o rată între 5 și 10% la fiecare miliard de ani. Dar imprecizia în cunoașterea densităţi medii a universului din prezent este și mai mare.

Dacă însumăm masele tuturor stelelor pe care le putem vedea din galaxia noastră și din alte galaxii, totalul este mai mic decât a suta parte din cantitatea necesară pentru a opri expansiunea universului, chiar și în cazul celei mai modeste estimări a ratei de expansiune. Știm însă că galaxia noastră și alte galaxii trebuie să conțină o mare cantitate de materie întunecată pe care n-o putem vedea direct, dar despre care știm că există datorită influenței atracției sale gravitaționale asupra orbitelor stelelor și asupra gazului din galaxii. În plus, majoritatea galaxiilor sunt grupate în roiuri de galaxii, și putem deduce în mod asemănător prezența unei cantități și mai mari de materie întunecată în spațiul dintre galaxiile din aceste roiuri, pe baza efectului ei asupra mișcării galaxiilor. După ce însumăm și toată această materie întunecată, obținem doar aproximativ o zecime din masa necesară pentru a opri expansiunea. Dar, cine știe, poate mai există și o altă formă de materie pe care n-am detectat-o încă și care ar putea să mai crească media densității universului până la valoarea critică necesară pentru oprirea expansiunii.

Dovezile actuale sugerează aşadar că universul se va extinde probabil pentru totdeauna. Dar nu vă bazați pe asta. Tot ce putem şti cu certitudine este că, şi dacă universul va colapsa, aceasta nu se va întâmpla decât peste cel puțin zece miliarde de ani, odată ce se extinde de cel puțin tot atâta timp. Lucrul acesta n-ar trebui să ne îngrijoreze, fiindcă la acel moment omenirea va fi dispărut de mult, împreună cu Soarele nostru, dacă nu cumva vom avea colonii dincolo de sistemul solar.

BIG BANG

Toate soluțiile lui Friedmann spun că la un anumit moment din trecut, cândva între zece si douăzeci de miliarde de ani în urmă, distanțele dintre galaxii erau zero. La acel moment, pe care îl numim big bang, densitatea universului şi curbura spațiului-timp trebuie să fi fost infinite. Asta înseamnă că teoria generală a relativității – pe care se bazează soluțiile lui Friedmann – prezice existența unui punct singular în univers.

Toate teoriile noastre ştiințifice sunt formulate pe baza presupunerii că spațiul-timp este neted şi aproape plat, aşa încât nici una nu e valabilă în singularitatea big bang, unde curbura spațiului-timp e infinită. Prin urmare, chiar dacă ar fi existat evenimente înainte de big bang, nu le-am putea folosi pentru a determina ce s-a întâmplat după aceea, deoarece capacitatea de predicție dispare la big bang. Prin urmare, dacă ştim doar ce s-a întâmplat după big bang, nu putem determina ce s-a întâmplat înaintea lui. În ce ne priveşte, evenimentele dinainte de big bang nu pot avea consecinţe, deci ele nu trebuie incluse într-un model ştiinţific al universului. Trebuie aşadar să le eliminăm din model şi să considerăm că timpul a început la big bang.

Multora le displace ideea că timpul a avut un început, pesemne fiindcă trimite la o intervenţie divină. (Pe de altă parte, Biserica Catolică şi-a însuşit modelul big bang, iar în 1951 a anunţat oficial că e în conformitate cu Biblia.) Au existat mai multe încercări de a evita concluzia că a existat un big bang. Propunerea care a fost cel mai puternic susţinută s-a numit teoria stării staţionare. Ea a fost avansată în 1948 de doi refugiaţi din Austria ocupată de nazişti, Hermann Bondi şi Thomas Gold, şi de britanicul Fred Hoyle, care lucrase împreună cu ei la perfecţionarea radarului în timpul războiului. Ideea era că, pe măsură ce galaxiile se îndepărtează unele de altele, în spaţiile dintre ele se formează în permanenţă noi galaxii dintr-o materie nouă care e creată continuu. Prin urmare, universul ar arăta aproximativ la fel la orice moment de timp şi în orice punct din spaţiu.

Teoria stării staţionare necesita o modificare a relativităţii generale pentru a permite crearea continuă a materiei, dar rata de creare era extrem de mică – aproximativ o particulă pe kilometru cub într-un an –, aşa încât nu intra în contradicţie cu experimentele. Era o bună teorie ştiinţifică, în sensul că era simplă şi făcea predicţii clare, ce puteau fi testate prin observaţii. Una dintre aceste predicţii spunea că numărul galaxiilor sau al obiectelor asemănătoare din orice volum dat al spaţiului trebuie să fie acelaşi indiferent când şi de unde privim universul.

La sfârşitul anilor 1950 şi începutul anilor 1960, un grup de astronomi de la Cambridge condus de Martin Ryle a efectuat un studiu asupra surselor de unde radio din spaţiul extraterestru. Concluzia a fost că majoritatea acestor surse trebuie să se afle în afara galaxiei noastre, şi că sursele slabe sunt mai numeroase decât cele puternice. Interpretarea dată acestor rezultate a fost că sursele slabe se află mai departe, iar cele puternice se află aproape de noi. De asemenea, se părea că, pe unitatea de volum de spaţiu, sursele apropiate sunt mai puţine decât cele îndepărtate.

Asta putea însemna că ne aflăm în centrul unei vaste regiuni din univers în care sunt mai puţine surse decât în altele. Sau mai putea însemna că în trecut, atunci când undele radio au pornit în călătoria lor spre noi, sursele erau mai numeroase decât acum. Ambele explicaţii intrau în contradicţie cu predicţiile teoriei stării staţionare. Mai mult, descoperirea radiaţiei de microunde, făcută de Penzias şi Wilson în 1965, indica de asemenea că universul trebuie să fi fost mult mai dens în trecut. Prin urmare, cu tot regretul, teoria stării staţionare trebuia abandonată.

O altă încercare de a evita concluzia că a existat un big bang, deci şi un început al timpului, a fost făcută în 1963 de doi cercetători ruşi, Evgeni Lifşiţ şi Isaak Halatnikov. Ei au sugerat că big bang-ul putea fi o caracteristică doar a modelelor lui Friedmann, care în fond nu erau decât aproximații ale universului real. Poate că, dintre toate modelele care semănau în linii mari cu universul real, doar cele ale lui Friedmann conțineau o singularitate big bang. În modelele lui Friedmann, toate galaxiile se îndepărtează frontal unele de altele. Nu e deci surprinzător că la un moment din trecut ele se aflau toate în același loc. În universul real însă, galaxiile nu se îndepărtează doar frontal unele de altele, ci și lateral, cu viteză mică. Așa încât, în realitate, nu e nevoie să se fi aflat toate în același loc, ci doar foarte apropiate. Atunci, poate că universul aflat în prezent în expansiune a apărut nu dintr-o singularitate big bang, ci dintr-o fază de contracție anterioară; când universul a colapsat, poate că nu toate particulele din el s-au ciocnit – unele au trecut pesemne pur și simplu mai departe, îndepărtându-se de celelalte și generând actuala expansiune a universului. În acest caz, cum putem ști dacă universul real a început cu un big bang?

Ce au făcut Lifșiț și Halatnikov a fost să studieze modele ale universului asemănătoare cu modelele Friedmann, dar care țineau cont de neregularitățile și de vitezele aleatoare ale galaxiilor din universul real. Ei au găsit că astfel de modele ar fi putut începe cu un big bang, deși galaxiile nu se îndepărtau întotdeauna frontal unele față de altele. Ei au susținut totuși că acest lucru era posibil doar în anumite modele excepționale, în care toate galaxiile se mișcă exact în direcția potrivită. Din moment ce păreau să existe infinit mai multe modele de tip Friedmann care nu au o singularitate big bang decât cele care au, ei au tras concluzia că e foarte puțin probabil să fi fost un big bang. Mai târziu și-au dat seama că există o clasă mult mai generală de modele de tip Friedmann care au singularități și în care galaxiile nu trebuie să se deplaseze într-un fel anume. Ca urmare, în 1970 și-au retras afirmația.

Cercetările lui Lifșiț și Halatnikov au fost utile deoarece au arătat că universul putea avea o singularitate – un big bang – dacă teoria generală a relativității este corectă. Totuși, asta nu răspundea la întrebarea esențială: prezice teoria generală a relativității că universul trebuie să fi avut un big bang, un început al timpului? Răspunsul a venit dintr-o abordare complet diferită, propusă de un fizician britanic, Roger Penrose, în 1965. El s-a folosit de comportamentul conurilor luminoase* din relativitatea generală și de faptul că gravitația este întotdeauna atractivă, pentru a arăta că o stea care colapsează sub propria-i gravitație este prizonieră într-o regiune a cărei frontieră se contractă până când mărimea ei devine nulă. Aceasta înseamnă că toată materia din interiorul stelei va fi comprimată într-o regiune de volum zero, astfel încât densitatea materiei și curbura spațiului-timp devin infinite. Cu alte

* În teoria relativității speciale, reprezentat în coordonate spațio-temporale, conul luminos este generat de traiectoriile tuturor razelor de lumină care pornesc dintr-un punct dat (vârful conului), axa conului coincizând cu axa timpului. În relativitatea generală, suprafața conului luminos e curbată de gravitație, așa încât nu mai e vorba propriu-zis de un con. (*N. ed.*)

cuvinte, avem o singularitate conținută într-o regiune a spațiului-timp cunoscută sub numele de gaură neagră.

La prima vedere, rezultatul lui Penrose nu părea să aibă vreo legătură cu întrebarea dacă a existat sau nu o singularitate de tip big bang în trecut. Totuşi, la momentul când Penrose a demonstrat această teoremă eu eram student doctorand şi căutam cu disperare o problemă cu care să-mi închei teza. Mi-am dat seama că, dacă inversăm direcția timpului în teorema lui Penrose, astfel încât colapsul să devină expansiune, condițiile teoremei rămâneau valabile, presupunând că universul în prezent corespunde aproximativ modelului Friedmann la scară mare. Teorema lui Penrose arăta că orice stea care colapsează trebuie să sfârşească într-o singularitate; argumentul inversiei temporale arăta că orice univers de tip Friedmann în expansiune trebuie să fi început dintr-o singularitate. Din motive tehnice, teorema lui Penrose impunea condiția ca universul să fie infinit în spațiu. Am putut-o deci folosi ca să demonstrez că trebuie să fi existat o singularitate numai dacă universul se extinde suficient de repede pentru a evita un nou colaps, fiindcă doar acel model Friedmann este infinit în spațiu.

În următorii ani am elaborat noi tehnici matematice pentru a elimina această condiție şi altele din teoremele care demonstrau că singularitățile trebuie să apară. Rezultatul final a fost un articol scris în colaborare cu Penrose şi publicat în 1970, care demonstra că trebuie să fi existat un big bang, dacă relativitatea generală e corectă şi dacă universul conține doar atâta materie câtă observăm.

Articolul a fost întâmpinat cu critici vehemente, pe de o parte de ruşi, care urmau linia partidului trasată de Lifşiţ şi Halatnikov, iar pe de alta de cei care găseau că ideea singularităţilor e respingătoare şi că distruge frumuseţea teoriei lui Einstein. Totuşi, nu poţi contrazice o teoremă matematică, aşa încât acum e general acceptat faptul că universul trebuie să fi avut un început.

A TREIA PRELEGERE

Găurile negre

Termenul *gaură neagră* e foarte recent. El a fost născocit în 1969 de fizicianul american John Wheeler ca descriere plastică a unei idei vechi de peste două sute de ani. La acel moment existau două teorii despre lumină. Una susținea că lumina e alcătuită din particule, cealaltă că e alcătuită din unde. Acum știm că de fapt ambele teorii sunt corecte. Conform dualității undă/corpuscul din mecanica cuantică, lumina poate fi considerată atât undă, cât și particulă. În teoria potrivit căreia lumina e alcătuită din unde nu era clar cum ar reacționa ea la gravitație. Dar, dacă lumina e compusă din particule, ne putem aștepta să fie influențată de gravitație la fel ca ghiulelele, rachetele sau planetele.

Cu această presupunere, un membru al consiliului din Cambridge, John Michell, a scris o lucrare în 1783 în *Philosophical Transactions of the Royal Society of London*, în care arăta că o stea suficient de masivă și de compactă ar avea un câmp gravitațional atât de intens, încât nici lumina n-ar mai putea evada. Orice lumină emisă de pe suprafața stelei ar fi trasă înapoi de atracția gravitatională a stelei, înainte să ajungă prea departe. Michell sugera că ar putea fi un număr destul de mare de asemenea stele. Deşi nu le-am vedea, fiindcă lumina lor nu ar ajunge la noi, le-am simţi totuşi atracţia gravitaţională. Aceste obiecte sunt ceea ce numim astăzi găuri negre, pentru că asta şi sunt – goluri negre în spaţiu.

O propunere asemănătoare a fost făcută câţiva ani mai târziu de către un om de ştiinţă francez, marchizul de Laplace, independent de Michell, se pare. Interesant este că a inclus-o doar în prima şi a doua ediţie a cărţii sale *Sistemul lumii*, nu şi în ediţiile ulterioare; a crezut pesemne că era o idee absurdă. De fapt, nu este chiar corect să tratezi lumina ca pe ghiulelele din teoria newtoniană a gravitaţiei, deoarece viteza luminii e constantă. O ghiulea lansată în sus de pe Pământ va fi încetinită de gravitaţie, pentru ca, în cele din urmă să se oprească şi să cadă înapoi. Un foton însă trebuie să continue să urce cu viteză constantă. Cum poate atunci gravitaţia newtoniană să influenţeze lumina? O teorie coerentă în această privinţă a apărut abia în 1915, când Einstein a elaborat relativitatea generală. A trebuit să mai treacă însă un timp până când să fie deduse consecinţele teoriei în privinţa stelelor masive.

Pentru a înţelege cum se poate forma o gaură neagră, trebuie mai întâi să cunoaştem ciclul de viaţă al unei stele. O stea ia naştere când o cantitate mare de gaz, în principal hidrogen, începe să se prăbuşească în ea însăşi datorită atracţiei gravitaţionale. Pe măsură ce ea se contractă, atomii gazului se ciocnesc între ei din ce în ce mai des şi la viteze din ce în ce mai mari –

gazul se încălzeşte. În cele din urmă, gazul va fi atât de fierbinte, încât, atunci când atomii de hidrogen se ciocnesc, ei nu mai ricoşează, ci se contopesc, formând atomi de heliu. Căldura eliberată în această reacție, ca într-o bombă cu hidrogen controlată, face ca steaua să strălucească. Acest surplus de căldură creşte presiunea gazului până când ajunge suficient de mare încât să echilibreze atracția gravitațională, iar atunci gazul încetează să se mai contracte. Situația seamănă oarecum cu cea a unui balon pentru care există un echilibru între presiunea aerului dinăuntru, care încearcă să umfle balonul, şi tensiunea cauciucului, care încearcă să-l contracte.

Stelele vor rămâne stabile în această stare pentru mult timp, căldura provenită din reacțiile nucleare echilibrând atracția gravitațională. Până la urmă însă steaua îşi epuizează hidrogenul şi ceilalți combustibili nucleari. Paradoxal, cu cât steaua are inițial mai mult combustibil, cu atât mai repede îl va consuma. Soarele nostru are probabil suficient combustibil pentru încă vreo cinci miliarde de ani, dar unele stele mai masive îşi pot epuiza combustibilul chiar şi într-o sută de milioane de ani, mult mai puțin decât vârsta universului. Când combustibilul ei este pe sfârşite, steaua începe să se răcească şi să se contracte. Ce i se poate întâmpla stelei după aceea a fost înțeles pentru prima dată abia la sfârşitul anilor 1920.

În 1928, un tânăr indian pe nume Subrahmanyan Chandrasekhar a pornit pe mare spre Anglia ca să studieze la Cambridge cu astronomul britanic Sir Arthur

Eddington, un specialist în relativitatea generală. Se povesteşte că un jurnalist i-a spus lui Eddington la începutul anilor 1920 că a auzit că existau doar trei oameni în lume care înţelegeau relativitatea generală. „Încerc să-mi dau seama cine ar putea fi al treilea", i-a răspuns Eddington.

În cursul călătoriei sale din India spre Anglia, Chandrasekhar a calculat cât de mare ar trebui să fie o stea pentru a-şi păstra individualitatea, în ciuda propriei sale atracţii gravitaţionale, după ce şi-a consumat tot combustibilul. Ideea era că atunci când o stea se contractă, particulele de materie se apropie foarte mult unele de altele. Dar principiul de excluziune al lui Pauli spune că două particule de materie nu pot avea amândouă aceeaşi poziţie şi aceeaşi viteză în acelaşi timp.* Particulele de materie trebuie deci să aibă viteze foarte diferite. Acest lucru le face să se îndepărteze unele de altele, iar astfel steaua tinde să crească. O stea îşi poate menţine o rază constantă prin echilibrul dintre atracţia gravitaţională şi respingerea datorată principiului excluziunii, la fel cum în faza mai timpurie din viaţa sa gravitaţia era echilibrată de căldură.

Chandrasekhar a înţeles că exista totuşi o limită a respingerii ce poate rezulta din principiul de excluziune. Teoria relativităţii limitează diferenţa maximă dintre vitezele particulelor de materie din stea la

---

* Principiul de excluziune se aplică particulelor de spin semiîntreg (1/2, 3/2...) – cum sunt electronii, protonii sau neutronii –, care se numesc fermioni. (*N. ed.*)

viteza luminii. Aceasta înseamnă că, atunci când steaua devine suficient de densă, respingerea datorată principiului excluziunii este mai mică decât atracția gravitațională. Chandrasekhar a calculat că o stea rece cu o masă mai mare decât aproximativ o dată și jumătate din masa Soarelui nu poate rezista împotriva propriei gravitații. Valoarea aceasta a masei este cunoscută acum ca *limita Chandrasekhar*.

Aceasta avea consecințe importante pentru destinul stelelor masive. Dacă steaua are o masă mai mică decât limita Chandrasekhar, ea se poate opri la un moment dat din contracție, pentru a ajunge într-o stare finală stabilă, iar atunci poartă numele de *pitică albă*; raza ei este de câteva mii de kilometri, și are o densitate de mii de tone pe centimetru cub. O pitică albă e susținută de respingerea dintre electronii materiei, datorată principiului de excluziune. Numeroase asemenea pitice albe pot fi observate. Una dintre primele descoperite a fost steaua care orbitează în jurul lui Sirius, cea mai strălucitoare stea de pe cerul nopții.

S-a constatat că mai exista o posibilă stare finală pentru o stea cu masa în intervalul dintre una și două mase solare, dimensiunea finală a stelei fiind cu mult mai mică decât cea a unei pitice albe. Aceste stele sunt susținute de respingerea dintre neutroni și protoni datorată principiului de excluziune, iar nu de cea dintre electroni, motiv pentru care au fost numite stele neutronice. Ele au o rază de vreo zece kilometri și o densitate de miliarde de tone pe centimetru cub. În momentul în care a fost prezisă pentru prima dată existența lor nu dispuneam de mijloace prin care stelele neutronice să poată fi observate, iar ele au fost detectate abia mult mai târziu.

Pe de altă parte, stelele cu mase superioare limitei Chandrasekhar au o mare problemă când combustibilul lor se epuizează. În unele cazuri, ele explodează sau reuşesc să ejecteze suficientă materie pentru a-şi reduce masa sub limită, dar era greu de crezut că acest lucru se întâmplă întotdeauna, indiferent de mărimea stelei. De unde să ştie ea că trebuie să piardă din greutate? Şi, chiar dacă fiecare stea ar reuşi să piardă suficientă masă, ce se întâmplă dacă se adaugă masă unei pitice albe sau unei stele neutronice, care depăşeşte astfel limita? Ar colapsa oare la o densitate infinită?

Eddington a fost şocat de aceste concluzii şi a refuzat să accepte rezultatele lui Chandrasekhar. El credea că e pur şi simplu imposibil ca o stea să colapseze până la un punct. Aceasta era părerea majorităţii oamenilor de ştiinţă. Chiar şi Einstein a scris un articol în care susţinea că stelele nu se pot contracta până la dimensiune zero. Ostilitatea celorlalţi oameni de ştiinţă, mai cu seamă a lui Eddington, fostul său profesor şi autoritatea numărul unu în problema structurii stelelor, l-a convins pe Chandrasekhar să-şi abandoneze cercetările şi să se orienteze spre alte teme din astronomie. Cu toate acestea, Premiul Nobel care i s-a decernat în 1983 a venit să răsplătească şi cercetările sale din tinereţe legate de masa limită a stelelor reci.

Chandrasekhar a arătat că principiul de excluziune nu putea împiedica prăbuşirea unei stele cu masă mai mare decât limita Chandrasekhar, dar problema înțelegerii a ceea ce se întâmplă cu o asemenea stea, conform relativității generale, a fost rezolvată abia în 1939 de un tânăr american, Robert Oppenheimer. Rezultatul său sugera că nu existau consecințe observaționale care puteau fi detectate de telescoapele de la acea vreme. A început apoi războiul, iar Oppenheimer s-a implicat intens în proiectul bombei atomice. După război, problema colapsului gravitațional a fost în mare măsură uitată, fiindcă majoritatea fizicienilor erau preocupați de ce se întâmplă la scara atomului şi a nucleului. Însă, în anii 1960, interesul pentru problemele la scară mare ale astronomiei şi cosmologiei a fost redeşteptat de o creştere spectaculoasă a numărului şi spectrului observațiilor, grație aplicării tehnologiilor moderne. Cercetările lui Oppenheimer au fost atunci redescoperite şi extinse.

Imaginea pe care o avem acum, pe baza cercetărilor lui lui Oppenheimer, este următoarea: câmpul gravitațional al stelei modifică traiectoriile razelor de lumină în spațiu-timp, față de cele care ar fi urmate dacă steaua n-ar fi prezentă. Conurile luminoase, care indică traiectoriile urmate în spațiu şi timp de razele de lumină emise din vârfurile lor, sunt uşor curbate spre interior când se află în apropierea suprafeței stelei. Curbarea unei raze de lumină provenind de la o stea îndepărtată poate fi observată în timpul eclipselor de Soare. Pe măsură ce steaua se contractă, câmpul gravitațional la suprafața ei devine mai intens, iar conurile luminoase se curbează spre interior şi mai mult.

Aceasta face ca lumina stelei să evadeze mai greu din câmpul gravitațional, iar astfel ea apare unui observator îndepărtat mai palidă și mai roșie.

În cele din urmă, când steaua s-a contractat până la o anumită rază critică, câmpul gravitațional de la suprafața ei devine atât de intens, încât conurile luminoase sunt atât de curbate spre interior, încât lumina nu mai poate scăpa. Conform teoriei relativității, nimic nu poate călători mai repede decât lumina. Așadar, dacă lumina nu poate evada, nimic altceva nu poate evada. Totul e tras înapoi de câmpul gravitațional. Există prin urmare un ansamblu de evenimente, o regiune din spațiu-timp, de unde nimic nu poate ieși pentru a ajunge la un observator aflat la distanță. Această regiune este ceea ce numim acum o gaură neagră. Frontiera ei se numește *orizontul evenimentelor* și coincide cu traiectoriile razelor de lumină care eșuează la limită să evadeze din gaura neagră.

Ca să înțelegeți ce anume ați vedea dacă ați urmări cum colapsează o stea pentru a forma o gaură neagră, trebuie să vă amintiți că în teoria relativității nu există timp absolut. Fiecare observator are propria lui măsură a timpului. Pentru cineva aflat pe o stea, timpul va fi diferit de timpul altcuiva aflat la distanță, datorită câmpului gravitațional al stelei. Acest efect a fost măsurat într-un experiment realizat pe Pământ, cu ceasuri așezate în vârful și la baza unui turn. Să presupunem că un astronaut temerar, aflat pe suprafața unei stele care colapsează, trimite un semnal luminos o dată pe secundă, conform ceasului său, către nava sa spațială, care se rotește pe o orbită în jurul stelei. La un moment dat, să zicem la ora 11 fix, după ceasul lui, steaua se contractă sub raza critică, iar câmpul gravitațional devine atât de intens, încât semnalele trimise nu mai pot ajunge la navă.

Colegii săi care urmăresc din nava spațială vor observa că intervalele dintre două semnale succesive ale astronautului devin din ce în ce mai lungi, pe măsură ce se apropie ora 11. Oricum însă, efectul va fi foarte mic înainte de 10:59:59. Vor trebui să aștepte doar foarte puțin peste o secundă între semnalul trimis de astronaut la 10:59:58 și semnalul trimis când ceasul său arată 10:59:59, dar vor trebui să aștepte o eternitate pentru semnalul de la ora 11:00:00. Undele luminoase emise de pe suprafața stelei între 10:59:59 și 11:00:00, după ceasul astronautului, se vor întinde pe o perioadă infinită de timp, conform perspectivei celor de pe navă.

Intervalul de timp dintre sosirea a două unde succesive pe navă va crește din ce în ce mai mult, iar lumina provenită de la stea va părea din ce în ce mai roșie și mai palidă. În cele din urmă, steaua va deveni atât de estompată, încât nu va mai putea fi văzută de pe navă. Tot ce va rămâne va fi o gaură neagră în spațiu. Steaua va continua totuși să exercite aceeași forță gravitațională asupra navei. Aceasta deoarece steaua este încă „vizibilă“ pentru navă, cel puțin în principiu, numai că lumina de pe suprafața ei este atât de deplasată spre roșu de câmpul gravitațional, încât nu poate fi văzută. Cu toate acestea, deplasarea spre roșu nu afectează câmpul gravitațional al stelei. Astfel, nava va continua să orbiteze în jurul găurii negre.

Cercetările pe care le-am efectuat împreună cu Roger Penrose între 1965 și 1970 au arătat că, în conformitate cu relativitatea generală, trebuie să existe o singularitate de densitate infinită în interiorul găurii negre. Este cam ca big bang-ul de la începutul timpului, doar că este un sfârșit al timpului pentru corpul care colapsează și pentru astronaut. În singularitate, legile științei și capacitatea noastră de a prezice viitorul nu mai funcționează. Totuși, nici un observator care rămâne în afara găurii negre nu va fi afectat de această imposibilitate de predicție, deoarece nici lumina și nici vreun alt semnal nu vor ajunge la el din singularitate.

Acest lucru remarcabil l-a făcut pe Roger Penrose să propună *ipoteza cenzurii cosmice*, care ar putea fi tradusă prin „Dumnezeu detestă o singularitate goală". Cu alte cuvinte, singularitățile produse prin colaps gravitațional apar doar în locuri precum găurile negre, unde se pot ascunde decent de privirile din afară, în spatele orizontului evenimentelor. Strict vorbind, aceasta e cunoscută ca ipoteza slabă a cenzurii cosmice: observatorii din afara găurii negre sunt protejați de consecințele impredictibilității care afectează singularitatea. Dar nu-l ajută cu nimic pe bietul astronaut care cade în gaura neagră. N-ar trebui oare Dumnezeu să-l protejeze și pe el?

Există unele soluții ale ecuațiilor relativității generale în care e posibil ca astronautul să vadă o singularitate goală. El ar putea evita să se lovească de singularitate, să cadă în schimb într-o „gaură de vierme“ şi să iasă în altă regiune a universului. Aceasta ar oferi mari posibilităţi călătoriei în spaţiu şi timp, dar, din păcate, se pare că toate soluţiile sunt extrem de instabile. Cea mai mică perturbaţie, de pildă prezenţa unui astronaut, le poate modifica, astfel încât astronautul să nu vadă singularitatea până când nu se loveşte de ea, iar timpul pentru el ia sfârşit. Cu alte cuvinte, singularitatea se află mereu în viitorul, şi niciodată în trecutul său.

Versiunea tare a ipotezei cenzurii cosmice afirmă că, într-o soluţie realistă, singularităţile se află mereu fie în întregime în viitor, ca singularităţile colapsului gravitaţional, fie în întregime în trecut, ca big bang-ul. Ar fi grozav dacă o versiune a ipotezei cenzurii ar fi valabilă, deoarece în apropierea singularităţilor goale am putea călători în trecut. Autorii de literatură ştiinţifico-fantastică ar fi încântaţi, însă asta ar însemna că viaţa nimănui nu mai e în siguranţă. Cineva ar putea să călătorească în trecut şi să-ţi ucidă părinţii înainte ca tu să fii conceput.

În colapsul gravitaţional urmat de formarea unei găuri negre mişcările ar fi îngrădite de emiterea undelor gravitaţionale. Era prin urmare de aşteptat să nu treacă mult până când gaura neagră va ajunge într-o stare staţionară. Se presupunea că această stare staţionară finală depinde de detaliile corpului care a colapsat pentru a forma gaura neagră, şi că ea ar putea căpăta orice formă sau dimensiune, iar forma nici măcar nu trebuia să fie fixă, ci putea pulsa.

Studiul găurilor negre a fost revoluţionat în 1967 de un articol scris la Dublin de Werner Israel, care arăta că orice gaură neagră care nu se roteşte trebuie să fie perfect sferică. Mai mult, dimensiunea acesteia depinde doar de masa ei. Ea ar putea fi descrisă de o soluţie particulară a ecuaţiilor lui Einstein, cunoscută încă din 1917, când a fost găsită de Karl Schwarzschild, la scurt timp după descoperirea relativităţii generale. La început, rezultatul lui Israel a fost interpretat de mulţi, chiar şi de el însuşi, ca dovadă a faptului că găurile negre se formează doar din colapsul corpurilor perfect rotunde. Deoarece nici un corp real nu poate fi perfect sferic, asta însemna că, în general, colapsul gravitaţional conduce la singularităţi goale. Exista însă şi o altă posibilă interpretare a rezultatului lui Israel, susţinută mai ales de Roger Penrose şi John Wheeler, anume că gaura neagră se comportă ca o bilă de fluid. Deşi un corp poate începe prin a nu fi sferic, pe măsură ce colapsează pentru a forma o gaură neagră, ajunge într-o stare în care e sferic, datorită emisiei de unde gravitaţionale. Calcule ulterioare au venit în sprijinul acestei idei, care a fost general adoptată.

Rezultatul lui Israel se referea doar la cazul găurilor negre formate din corpuri care nu se rotesc. Din analogia cu o bilă de fluid, am putea crede că o gaură neagră produsă din colapsarea unui corp care se roteşte nu ar fi perfect rotundă, ci ar fi bombată în jurul ecuatorului, ca efect al rotaţiei. Soarele prezintă o asemenea bombare provocată de rotaţia cu o perioadă de aproximativ douăzeci şi cinci de zile. În 1963, neozeelandezul Roy Kerr a găsit un set de soluţii de tip gaură neagră ale ecuaţiilor relativităţii generale, soluţii mai generale decât cele ale lui Schwarzschild. Aceste găuri negre Kerr se rotesc cu viteză constantă, dimensiunea şi forma lor depinzând numai de masa şi de viteza lor de rotaţie. Dacă rotaţia este nulă, gaura neagră e perfect rotundă, iar soluţia e identică cu cea a lui Schwarzschild. La o rotaţie nenulă, gaura neagră se bombează în apropierea ecuatorului. Era deci firesc să se creadă că un corp în rotaţie care colapsează pentru a forma o gaură neagră va ajunge într-o stare descrisă de soluţia lui Kerr.

În 1970, un tânăr coleg al meu, Brandon Carter, a făcut primul pas în demonstrarea acestei ipoteze. El a arătat că dacă o gaură neagră care se roteşte staţionar are o axă de simetrie, asemenea unui titirez, dimensiunea şi forma ei depind numai de masă şi viteza de rotaţie. Apoi, în 1971, eu am demonstrat că orice gaură neagră care se roteşte staţionar are într-adevăr o axă de simetrie. În sfârşit, în 1973, David Robinson de la Kings College din Londra, a folosit rezultatele noastre pentru a arăta că acea ipoteză era corectă. O astfel de gaură neagră trebuia într-adevăr să fie soluţia Kerr.

Aşadar, după colapsul gravitaţional, o gaură neagră trebuie să ajungă într-o stare în care poate să se rotească, dar fără să pulseze. În plus, dimensiunea şi forma ei vor depinde doar de masă şi de viteza de rotaţie, dar nu şi de natura corpului care a colapsat pentru a o forma. Acest rezultat a devenit cunoscut prin expresia „O gaură neagră nu are păr“. Asta înseamnă că o mare cantitate de informație privind corpul care a colapsat se pierde la formarea găurii negre, deoarece după aceea despre corp nu putem determina prin măsurători decât masa şi viteza sa de rotație. Semnificația acestui lucru va fi înțeleasă în următoarea prelegere. Teorema „fără păr“ are o mare importanță practică, deoarece impune condiții restrictive asupra posibilelor tipuri de găuri negre. Putem deci construi modele detaliate de obiecte care ar putea conține găuri negre şi compara predicțiile modelelor cu observațiile.

Găurile negre sunt unul dintre foarte puținele cazuri din istoria ştiinței în care o teorie a fost elaborată până în cele mai mici detalii ca model matematic, înainte de a exista vreo dovadă observațională că ar fi corectă. Acesta a fost într-adevăr principalul argument al adversarilor găurilor negre. Cum să crezi în obiecte pentru care singura dovadă erau nişte calcule bazate pe îndoielnica teorie a relativității generale?

În 1963, Maarten Schmidt, un astronom de la Observatorul Mount Palomar din California, a găsit un obiect asemănător unei stele palide în direcția sursei de unde radio 3C273 – adică sursa numărul 273 din al treilea catalog Cambridge al surselor radio. Când a măsurat deplasarea spre roşu a obiectului, a descoperit că era prea mare pentru a fi provocată de un câmp gravitațional: dacă ar fi fost o deplasare spre roşu gravitațională obiectul ar fi trebuit să fie atât de masiv şi atât de aproape de noi, încât ar fi modificat orbitele planetelor din sistemul solar. Aceasta sugera că deplasarea spre roşu se datora expansiunii universului, ceea ce însemna că obiectul era foarte departe. Şi, pentru a fi vizibil de la o asemenea distanţă, obiectul trebuia să fie foarte strălucitor şi să emită o cantitate uriaşă de energie.

Singurul mecanism la care oamenii s-au gândit că ar produce cantităţi atât de mari de energie era colapsul gravitaţional nu doar al unei stele, ci al întregii regiuni centrale a unei galaxii. De atunci, au fost descoperite mai multe asemenea „obiecte cvasi-stelare", sau cuasari, toate prezentând mari deplasări spre roşu. Ele sunt însă prea îndepărtate şi greu de observat pentru a oferi dovezi concludente privind găurile negre.

Noi semne în favoarea existenţei găurilor negre au apărut în 1967, când Jocelyn Bell, doctorand la Cambridge, a descoperit pe cer nişte obiecte care emiteau pulsuri regulate de unde radio. La început, Jocelyn şi îndrumătorul lui, Anthony Hewish, s-au gândit că intraseră în contact cu o civilizaţie extraterestră din galaxie. Îmi amintesc chiar că la seminarul în care şi-au anunţat descoperirea au numit cele patru surse găsite LGM 1-4, unde LGM era abrevierea de la „Little Green Men" [omuleţi verzi].

În cele din urmă însă, ei şi toţi ceilalţi au ajuns la o concluzie mai puţin romantică: aceste obiecte, cărora li s-a dat numele de pulsari, erau de fapt doar stele neutronice care se roteau. Ele emiteau pulsuri de unde radio datorită unei interacţii complicate dintre câmpul lor magnetic şi materia înconjurătoare. Era o veste proastă pentru scriitorii de westernuri spaţiale, dar foarte încurajatoare pentru puţinii dintre noi care credeam atunci în existenţa găurilor negre. Era prima dovadă clară că stelele neutronice există. O stea neutronică are o rază de aproximativ zece kilometri, doar de câteva ori mai mare decat raza critică la care o stea se transformă într-o gaură neagră. Dacă o stea putea colapsa până la o dimensiune atât de mică, nu era absurd să ne aşteptăm ca alte stele să colapseze până la dimensiuni şi mai mici şi să devină găuri negre.

Cum puteam spera să detectăm o gaură neagră, când, prin însăşi definiţia ei, nu emite deloc lumină? Era ca şi cum am căuta o pisică neagră într-un beci unde sunt depozitaţi cărbuni. Din fericire, există o metodă, deoarece, aşa cum a subliniat John Michell în articolul său de pionierat din 1783, o gaură neagră exercită o forţă gravitaţională asupra obiectelor învecinate. Astronomii au observat mai multe sisteme în care două stele orbitează una în jurul celeilalte, atrăgându-se reciproc prin gravitaţie. Ei au observat însă şi sisteme în care există o singură stea vizibilă care orbitează în jurul unui companion invizibil.

Desigur, nu putem trage imediat concluzia că acel companion e o gaură neagră, ar putea fi doar o stea prea palidă ca s-o vedem. Totuşi, unele dintre aceste sisteme, cum ar fi cel numit Cygnus X-I, sunt în acelaşi timp surse puternice de raze X. Cea mai plauzibilă explicaţie pentru acest fenomen este că razele X sunt generate de materia ce părăseşte suprafaţa stelei vizibile. Când cade spre companionul nevăzut, aceasta capătă o mişcare în spirală – asemănătoare cu scurgerea apei dintr-o cadă – şi devine foarte fierbinte, emiţând raze X. Pentru ca acest mecanism să funcţioneze, obiectul nevăzut trebuie să fie foarte mic, de pildă o pitică albă, o stea neutronică sau o gaură neagră.

Din mişcarea stelei vizibile putem determina limita inferioară pentru masa obiectului nevăzut. În cazul lui Cygnus X-I, aceasta este de aproximativ şase ori mai mare decât masa Soarelui. Conform rezultatului lui Chandrasekhar, această masă e prea mare pentru ca obiectul să fie o pitică albă sau o stea neutronică. Se pare deci că ar trebui să fie o gaură neagră.

Comportamentul lui Cygnus X-I poate fi explicat şi pe alte căi, care nu presupun o gaură neagră, dar toate par oarecum forţate. O gaură neagră pare a fi singura explicaţie firească a observaţiilor. Cu toate acestea, am pariat cu Kip Thorne de la Institutul Tehnologic din California că de fapt Cygnus X-I nu conţine o gaură neagră. Aceasta e un fel de poliţă de asigurare pentru mine. Am investit multă muncă în găurile negre, şi toată ar fi zadarnică dacă s-ar dovedi că găurile negre nu există. Dar în acel caz aş avea consolarea că am câştigat pariul, care mi-ar asigura patru ani de abonament la revista *Private Eye*. Dacă găurile negre există într-adevăr, Kip va primi doar un an de abonament la *Penthouse*, fiindcă atunci când am facut pariul, în 1977, eram 80 la sută convinşi că Cygnus e o gaură neagră. Acum aş spune că suntem 95 la sută convinşi, dar pariul nu e încă tranşat.

Există dovezi că ar exista găuri negre în câteva sisteme din galaxia noastră, şi că ar exista găuri negre mult mai mari în centrele altor galaxii şi cuasari. Putem considera şi posibilitatea existenţei unor găuri negre cu mase mult mai mici decât cea a Soarelui. Aceste găuri negre nu s-ar forma însă prin colaps gravitaţional, deoarece masele lor sunt sub limita lui Chandrasekhar. Stelele cu masă atât de mică pot rezista forţei gravitaţionale chiar şi după ce şi-au epuizat combustibilul nuclear. Astfel, găurile negre de masă mică s-ar putea forma numai dacă materia ar fi comprimată la densităţi enorme prin presiuni externe foarte mari. Asemenea condiţii ar putea să apară într-o imensă bombă cu hidrogen. Fizicianul John Wheeler a calculat odată că, dacă am lua toată apa grea din toate oceanele lumii, am putea construi o bombă cu hidrogen care ar comprima atât de mult materia din centru, încât s-ar crea o gaură neagră. Din nefericire însă, n-ar mai rămâne nimeni s-o observe.

O posibilitate mai realistă ar fi ca astfel de găuri negre să se fi format la temperaturile şi presiunile înalte de la începutul universului. Găurile negre s-ar fi putut forma dacă universul timpuriu n-ar fi fost perfect neted şi uniform, deoarece atunci o mică regiune mai densă decât media ar fi fost comprimată pentru a deveni o gaură neagră. Ştim însă că trebuie să fi existat unele neregularităţi, altminteri materia din univers ar fi şi acum perfect uniform distribuită, în loc să se aglomereze în stele şi galaxii.

Doar cunoaşterea amănunţită a condiţiilor din universul timpuriu ne poate spune dacă neregularităţile care explică formarea stelelor şi galaxiilor puteau să fi condus la crearea unui număr important de asemenea găuri negre primordiale. Prin urmare, dacă am determina câte găuri negre primordiale există acum, am afla multe despre primele faze ale universului. Găurile negre primordiale cu mase mai mari de un miliard de tone – masa unui munte mare – ar putea fi detectate doar prin influența gravitației lor asupra altei materii vizibile sau asupra expansiunii universului. Dar, după cum vom vedea în următoarea prelegere, găurile negre nu sunt chiar negre: ele strălucesc ca un corp încins și, cu cât sunt mai mici, cu atât strălucesc mai tare. Așa încât, paradoxal, se dovedește că găurile negre mici sunt de fapt mai ușor de detectat decât cele mari.

A PATRA PRELEGERE

Găurile negre nu-s chiar atât de negre

Înainte de 1970, cercetările mele de relativitate generală fuseseră concentrate în principal asupra întrebării dacă a existat o singularitate big bang. Dar, într-o seară din luna noiembrie a acelui an, la scurt timp după nașterea fiicei mele Lucy, am început să mă gândesc la găurile negre pe când mă pregăteam de culcare. Din cauza invalidității mele, acest proces era lent, prin urmare aveam la dispoziție destul timp. Pe atunci, nu exista o definiție precisă pentru punctele care se află în interiorul găurii negre sau în afara ei.

Discutasem deja cu Roger Penrose ideea de a defini gaura neagră ca o mulțime de evenimente față de care nu te poți îndepărta prea mult. Aceasta e acum definiția general acceptată. Rezultă de aici că frontiera găurii negre, orizontul evenimentelor, este formată din acele raze de lumină aflate la limita posibilității de a evada din gaura neagră, dar nu evadează, ci planează la nesfârșit pe marginea găurii negre. Este ca și când ai fugi de poliție reușind să fii mereu cu un pas înainte, dar neputând să scapi cu adevărat.

Brusc, mi-am dat seama că traiectoriile acestor raze nu se pot apropia una de alta, fiindcă altminteri s-ar intersecta până la urmă. Ar fi ca şi cum altcineva ar fugi de poliţie în sens opus. Ar fi prinşi amândoi sau, în cazul de faţă, ar cădea în gaura neagră. Dar, dacă aceste raze ar fi înghiţite de gaura neagră, înseamnă că nu se puteau afla pe frontiera găurii negre. Deci razele de lumină din orizontul evenimentelor trebuie să se deplaseze paralel, în acelaşi sens sau în sens contrar unele faţă de altele.

Lucrurile pot fi privite şi altfel: orizontul evenimentelor, frontiera găurii negre, este ca marginea unei umbre. Este marginea luminii care evadează la mare distanţă, dar este şi marginea umbrei pieirii iminente. Şi, dacă vă uitaţi la umbra aruncată de o sursă de lumină îndepărtată, cum e Soarele, veţi vedea că razele de pe margine nu se apropie unele de altele. Dacă razele de lumină care formeaza orizontul evenimentelor, frontiera găurii negre, nu se pot apropia unele de altele, aria orizontului evenimentelor poate să rămână constantă sau să crească în timp, dar nu poate să scadă, fiindcă ar însemna că cel puţin unele dintre razele de lumină de pe frontieră ar trebui să se apropie unele de altele. De fapt, suprafaţa va creşte ori de câte ori în gaura neagră cade materie sau radiaţie.

Să presupunem acum că două găuri negre se ciocnesc şi se contopesc pentru a forma o singură gaură neagră. Suprafaţa orizontului evenimentelor pentru gaura neagră rezultantă va fi mai mare decât suma suprafeţelor orizonturilor evenimentelor găurilor negre inițiale. Această proprietate a suprafeței orizontului evenimentelor de a nu descreşte impunea o restricție importantă asupra comportamentului posibil al găurilor negre. Am fost atât de entuziasmat de descoperirea mea, încât n-am dormit mai deloc în noaptea aceea.

A doua zi l-am sunat pe Roger Penrose, şi a fost de acord cu mine. Cred că de fapt îşi dăduse seama şi el de această proprietate a suprafeței. Oricum însă, el folosea o definiție uşor diferită a găurii negre. Nu înțelesese că frontierele găurii negre, conform celor două definiții, erau aceleaşi, cu condiția ca gaura neagra să ajungă într-o stare staționară.

LEGEA A DOUA A TERMODINAMICII

Faptul că suprafața unei găuri negre nu scade amintea de comportamentul unei mărimi fizice numită entropie, care măsoară gradul de dezordine al unui sistem fizic. Experiența de zi cu zi ne spune că dezordinea tinde să crească dacă lăsăm lucrurile să evolueze de la sine; e suficient să lăsați o casă fără să aveți grijă de ea ca să vă convingeți. Se poate crea ordine din dezordine – de pildă, putem zugrăvi casa. Aceasta necesită însă consum de energie, prin urmare scade cantitatea de energie ordonată disponibilă.

O exprimare precisă a acestei idei e cunoscută sub numele de legea a doua a termodinamicii. Ea spune că entropia unui sistem izolat nu scade niciodată în timp. Mai mult, când două sisteme se unesc, entropia sistemului obținut este mai mare decât suma entropiilor sistemelor individuale. Să considerăm, de exemplu, un sistem de molecule de gaz într-o incintă. Ne putem închipui moleculele ca pe nişte bile de biliard care se ciocnesc continuu între ele şi ricoşează de pereţii incintei. Să presupunem că la început toate moleculele se află în partea stângă, separate de restul incintei printr-un perete despărţitor. Dacă înlăturăm peretele despărţitor, moleculele vor tinde să se împrăştie şi să ocupe ambele jumătăţi ale incintei. La un moment ulterior s-ar putea ca, din întâmplare, toate moleculele să se afle în jumătatea dreaptă sau în jumătatea stângă a incintei. Totuşi, este incomparabil mai probabil ca să fie aproximativ la fel de multe bile în cele două jumătăţi. O asemenea stare e mai puţin ordonată, sau mai dezordonată, decât starea iniţială în care toate moleculele se aflau într-o jumătate. Spunem aşadar că entropia sistemului a crescut.

În mod asemănător, să presupunem că pornim cu două incinte, una conţinând molecule de oxigen, cealaltă molecule de azot. Dacă unim cele două incinte şi înlăturăm peretele dintre ele, moleculele de oxigen şi cele de azot încep să se amestece. După ceva timp, cea mai probabilă stare va fi un amestec omogen de molecule de oxigen şi de azot în cele două incinte. Această stare e mai puţin ordonată, deci are o entropie mai mare decât stările iniţiale din cele două incinte separate.

Faţă de celelalte legi ale fizicii, legea a doua a termodinamicii are un statut diferit. Alte legi, de pildă cea newtoniană a gravitaţiei, sunt legi absolute – adică sunt valabile întotdeauna –, pe când legea a doua e statistică – nu e valabilă întotdeauna, ci doar în imensa majoritate a cazurilor. Probabilitatea ca moleculele de gaz din incinta noastră să se găsească într-una din jumătățile incintei la un moment ulterior este de unu la multe milioane de milioane, dar nu e riguros nulă.

Dacă am avea o gaură neagră în apropiere, s-ar părea că există o cale simplă de a viola această lege: e de-ajuns să aruncăm nişte materie cu entropie mare, de pildă o incintă conținând gaz, în interiorul găurii negre. Entropia totală a materiei din afara găurii negre va scădea. Desigur, putem spune că entropia totală, inclusiv entropia din interiorul găurii negre, n-a scăzut. Dar, din moment ce nu putem privi în interiorul găurii negre, nu putem şti cât de mare este entropia materiei de acolo. Ar fi frumos dacă ar exista vreo caracteristică a găurii negre după care observatorii din afara ei să-i poată deduce entropia; aceasta ar creşte de fiecare dată când în gaura neagră ar cădea materie care posedă entropie.

Folosindu-se de descoperirea mea că aria orizontului evenimentelor creşte de fiecare dată când cade materie în gaura neagră, un doctorand de la Princeton pe nume Jacob Bekenstein a emis ipoteza că aria orizontului evenimentelor ar fi o măsură a entropiei găurii negre. Când în gaura neagră cade materie posedând entropie, aria orizontului evenimentelor creşte aşa încât suma dintre entropia materiei din afara găurii negre şi aria orizontului nu scade niciodată. Această ipoteză părea să împiedice, în majoritatea situațiilor, violarea legii a doua a termodinamicii. Exista totuşi un neajuns fatal: dacă o gaură neagră are entropie, atunci trebuie să aibă şi temperatură. Dar un corp cu temperatură nenulă trebuie sa emită radiaţie. Se ştie din experienţa de zi cu zi că, dacă pui un vătrai pe foc, el devine incandescent şi emite radiaţie. Şi corpurile cu temperatură scăzută emit radiaţie, numai că, fiind în cantitate mică, în mod normal n-o observăm. Emiterea acestei radiaţii este impusă pentru a nu fi încălcată legea a doua. Găurile negre trebuie deci să emită radiaţie, dar prin însăşi definiţia lor, ele sunt obiecte care n-ar trebui să emită nimic. Se părea aşadar că aria orizontului evenimentelor nu putea fi privită ca entropia găurii negre.

În 1972 am scris un articol pe această temă împreună cu Brandon Carter şi cu un coleg american, Jim Bardeen. Am subliniat că, deşi existau multe asemănări între entropie şi aria orizontului evenimentelor, apărea această dificultate fatală. Trebuie să recunosc că am scris acest articol şi pentru că eram supărat pe Bekenstein, fiindcă simţeam că folosise greşit descoperirea mea privind creşterea ariei orizontului evenimentelor. Până la urmă s-a dovedit însă că avea în fond dreptate, deşi într-un sens la care cu siguranţă nu se aştepta se.

RADIAŢIA GĂURILOR NEGRE

În septembrie 1973, pe când eram în vizită la Moscova, am discutat despre găurile negre cu doi experţi sovietici în domeniu, Iakov Zeldovici şi Aleksandr

Starobinski. Ei m-au convins că, în conformitate cu principiul incertitudinii din mecanica cuantică, găurile negre care se rotesc trebuie să creeze şi să emită particule. Am dat credit argumentelor lor pe baze fizice, dar nu mi-a plăcut metoda lor matematică pentru calculul emisiei. Am început atunci să mă gândesc la o tratare matematică mai bună, pe care am prezentat-o într-un seminar informal ţinut la Oxford, la sfârşitul lui noiembrie 1973. Până la acel moment nu efectuasem calculul pentru a afla câtă radiaţie e emisă. Speram să descopăr pur şi simplu radiaţia pe care Zeldovici şi Starobinski o preziseseră pentru găurile negre în rotaţie. Făcând însă calculele, spre surprinderea şi descumpănirea mea am descoperit că până şi găurile negre care nu se rotesc ar trebui să creeze şi să emită particule într-un ritm constant.

La început am crezut că găsisem această emisie pentru că aproximaţiile folosite de mine nu erau valabile. Mă temeam că, dacă Bekenstein ar afla acest lucru, l-ar folosi ca argument în plus în favoarea ideii sale de entropie a găurilor negre, care mie încă îmi displăcea. Totuşi, cu cât mă gândeam mai mult, cu atât mi se părea mai limpede că aproximaţiile erau corecte. Dar ce m-a convins în cele din urmă că emisia era reală a fost faptul că spectrul particulelor emise era identic cu cel al radiaţiei emise de un corp fierbinte. Gaura neagră emitea particule exact în ritmul care trebuia pentru a împiedica violarea legii a doua.

De atunci, calculele au fost repetate în diverse forme şi de alţii. Toţi au confirmat că o gaură neagră trebuie să emită particule şi radiaţie ca şi când ar fi un corp fierbinte cu o temperatură care depinde doar de masa găurii negre: cu cât masa e mai mare, cu atât temperatura e mai mică. Putem înţelege emisia în felul următor: ceea ce noi considerăm a fi spaţiu vid nu poate fi complet gol, fiindcă asta ar însemna că toate câmpurile, de pildă cel gravitaţional sau cel electromagnetic, ar trebui să fie riguros egale cu zero. Însă valoarea unui câmp şi rata de variaţie a acestuia în timp sunt precum poziţia şi viteza unei particule. Principiul incertitudinii spune că, cu cât cunoaştem mai precis una din aceste cantităţi, cu atât o cunoaştem mai puţin precis pe cealaltă.

Prin urmare, în vid câmpul nu poate fi fixat exact la valoarea zero, deoarece în acest caz ar avea atât o valoare precisă, egală cu zero, cât şi o rată de variaţie precisă, egală tot cu zero. Trebuie să existe o cantitate minimă de incertitudine, sau fluctuaţii cuantice, în valoarea unui câmp. Ne putem imagina aceste fluctuaţii ca pe nişte perechi de particule de lumină sau de gravitaţie care apar împreună la un moment dat, se îndepărtează, apoi se apropie şi se anihilează reciproc. Spre deosebire de particulele reale, acestea nu pot fi observate direct cu un detector de particule. Şi totuşi, efectele lor indirecte, cum ar fi mici modificări ale energiei orbitelor electronilor şi atomilor, pot fi măsurate şi sunt în acord cu predicţiile teoretice până la un grad de precizie remarcabil de înalt.

Datorită conservării energiei, unul din cei doi parteneri ai perechii de particule virtuale va avea energie pozitivă, iar celălalt energie negativă. Cel cu energie negativă este condamnat să fie o particulă virtuală cu viață scurtă. Aceasta deoarece particulele reale au întotdeauna energie pozitivă în situații normale. El trebuie așadar să-și caute partenerul și să-l anihileze. Câmpul gravitațional din interiorul găurilor negre este însă atât de intens, încât acolo chiar și o particulă reală poate avea energie negativă.

În prezența unei găuri negre este deci posibil ca particula virtuală cu energie negativă să cadă în gaura neagră și să devină o particulă reală. În acest caz nu mai trebuie să-și anihileze partenerul; acest partener căutat poate cădea și el în gaura neagră. Dar, deoarece are energie pozitivă, este de asemenea posibil să evadeze la infinit ca o particulă reală. Unui observator aflat la distanță i s-ar părea că e emis din gaura neagră. Cu cât gaura neagră e mai mică, cu atât mai puțin va avea de parcurs particula cu energie negativă până să devină o particulă reală. Astfel, rata de emisie va fi mai mare, iar temperatura aparentă a găurii negre va fi mai ridicată.

Energia pozitivă a radiației emise va fi echilibrată de un flux de particule cu energie negativă care intră în gaura neagră. Conform faimoasei ecuații a lui Einstein $E = mc^2$, energia este echivalentă cu masa. Un flux de energie negativă care intră în gaura neagră îi reduce prin urmare masa. Pe măsură ce gaura neagră pierde masă, aria orizontului evenimentelor devine mai mică, dar această scădere a entropiei găurii negre este mai mult decât compensată de entropia radiației emise, așa că legea a doua nu este violată.

EXPLOZIILE GĂURILOR NEGRE

Cu cât masa găurii negre este mai mică, cu atât temperatura sa este mai ridicată. Astfel, pe măsură ce gaura neagră pierde masă, temperatura şi rata ei de emisie cresc. Ea pierde aşadar masă mai repede. Ce se întâmplă când masa găurii negre devine în cele din urmă extrem de mică nu este foarte limpede. Cea mai rezonabilă presupunere este că ar dispărea complet într-o teribilă explozie finală de emisii, echivalentă cu explozia a milioane de bombe cu hidrogen.

O gaură neagră cu masa de câteva ori mai mare decât masa Soarelui ar avea o temperatură de doar o zecime de milionime de grad deasupra lui zero absolut. Aceasta e mult mai mică decât temperatura radiaţiilor de microunde care umplu universul, care este de aproximativ 2,7 grade deasupra lui zero absolut – prin urmare asemenea găuri negre emit mai puţin decât absorb, deşi chiar şi această absorbţie e foarte scăzută. Dacă universul e destinat să se extindă la nesfârşit, temperatura radiaţiei de microunde va scădea până la urmă la mai puţin decât cea a unei asemenea găuri negre. Atunci gaura neagră va absorbi mai puţin decât emite, şi va începe să piardă masă. Dar, chiar şi aşa, temperatura ei va fi atât de scăzută, încât îi vor trebui aproximativ 10^{66} ani ca să se evapore complet, adică mult mai mult decât vârsta universului, care e doar de vreo 10^{10} ani.

Pe de altă parte, după cum am aflat în prelegerea anterioară, ar putea exista găuri negre primordiale, care au mase mult mai mici şi care s-au produs prin colapsul neregularităţilor în primele faze ale universului. Aceste găuri negre ar avea temperaturi mult mai ridicate, iar ratele lor de emisie a radiaţiei ar fi mult mai mari. O gaură neagră primordială cu o masă iniţială de un miliard de tone ar avea un timp de viaţă aproximativ egal cu vârsta universului. Găurile negre primordiale cu mase iniţiale mai mici se vor fi evaporat deja complet. Cele cu mase puţin mai mari ar emite însă în continuare radiaţie sub formă de raze X şi raze gama. Acestea sunt asemenea undelor luminoase, dar au o lungime de undă mult mai mică. Astfel de găuri nu prea merită epitetul „negre". Ele sunt de fapt de un alb incandescent şi emit energie cu o rată de zece mii de megawaţi.

O asemenea gaură neagră ar putea pune în funcţiune zece centrale electrice de mare putere, cu condiţia să ştim să-i exploatăm capacitatea. Dar ăsta e un lucru foarte dificil. Gaura neagră ar avea masa unui munte comprimată la dimensiunea nucleului unui atom. Dacă am avea o astfel de gaură neagră pe suprafaţa Pământului, n-am putea s-o împiedicăm să cadă prin podea spre centrul Pământului. Ea ar oscila prin Pământ înainte şi înapoi, până când s-ar stabili în centrul lui. Singurul loc unde am putea pune o asemenea gaură neagră pentru a-i folosi energia pe care o emite ar fi pe o orbită în jurul Pământului. Şi singurul mod prin care am putea s-o facem să se rotească în jurul Pământului ar fi s-o atragem acolo punând ceva de masă mare în faţa ei, ca un morcov în faţa măgarului. Nu pare o propunere foarte realistă, cel puţin nu în viitorul apropiat.

ÎN CĂUTAREA GĂURILOR NEGRE PRIMORDIALE

Nu putem deci valorifica emisia acestor găuri negre primordiale, dar ce şanse avem să le observăm? Am putea căuta razele gama pe care găurile negre primordiale le emit în cea mai mare parte a vieţii lor. Deşi radiaţia provenită de la cele mai multe dintre ele ar fi foarte slabă, pentru că ele se află la mare distanţă, suma tuturor ar putea fi detectabilă. Observăm într-adevăr un asemenea fond de raze gama, numai că el a fost generat probabil de alte procese decât cele din găurile negre primordiale. Am putea spune că observaţiile privind fondul de raze gama nu oferă o dovadă concludentă în favoarea existenţei găurilor negre primordiale, dar ne spun că, în medie, nu pot fi mai mult de trei sute de găuri negre mici într-un an-lumină cub din univers. Această limită ne arată că găurile negre primordiale pot constitui cel mult o milionime din densitatea de masă medie a universului.

Găurile negre primordiale fiind atât de rare, pare puţin probabil să existe una atât de aproape de noi încât s-o observăm. Dar, din moment ce gravitaţia atrage găurile negre primordiale către orice materie, ele ar trebui să fie mult mai răspândite în galaxii. Dacă ele ar fi, să zicem, de un milion de ori mai numeroase în galaxii, atunci cea mai apropiată gaură neagră s-ar afla probabil la o distanţă de un miliard de kilometri de noi, cam la fel de departe ca Pluto, cea mai îndepărtată planetă cunoscută. Şi la această distanţă ar fi foarte dificil să detectăm emisia constantă a unei găuri negre, chiar dacă aceasta ar fi de zece mii de megawaţi.

Pentru a găsi o gaură neagră primordială, ar trebui să detectăm câteva cuante de raze gama venind din aceeaşi direcţie într-o perioadă de timp rezonabil de scurtă, să zicem o săptămână. Altminteri, acestea ar putea face parte pur şi simplu din fond. Dar principiul cuantic al lui Planck ne spune că fiecare cuantă de radiaţie gama are o energie foarte mare, deoarece frecvenţa radiaţiei gama este foarte înaltă. Pentru a radia chiar şi zece mii de megawaţi, n-ar fi nevoie de prea multe cuante. Şi, pentru a observa aceste câteva cuante venind de la distanţa la care se află Pluto, ar fi nevoie de un detector de radiaţie gama mult mai mare decât oricare dintre cele construite până acum. În plus, detectorul ar trebui sa se afle în spaţiu, fiindcă razele gama nu pot trece prin atmosferă.

Desigur, dacă o asemenea gaură neagră aflată la fel de aproape ca Pluto ar ajunge la sfârşitul vieţii ei şi ar exploda, ar fi uşor să detectăm izbucnirea emisiei finale. Dar, dacă gaura neagră emite de zece miliarde de ani, şansele să ajungă la sfârşitul vieţii în următorii câţiva ani sunt foarte mici. Evenimentul s-ar putea produce peste milioane de ani, după cum, la fel de bine, putea să se fi produs cu milioane de ani în urmă. Ca să ai deci o sansă rezonabilă să vezi o explozie înainte de a ţi se termina subvenţia pentru cercetare, ar trebui să găseşti o metodă de a detecta orice explozie până la o distanţă de aproximativ un an-lumină. Ai mai avea nevoie şi de un detector mai mare de raze gama, ca să observi mai multe cuante provenite din explozie. În acest caz însă n-ar fi nevoie să determini că toate cuantele au venit din aceeaşi direcţie. Ar fi suficient să observi că toate au ajuns într-un interval de timp foarte scurt pentru ca să fii aproape sigur că ele provin din aceeaşi explozie.

Un detector de raze gama care ar putea identifica găuri negre primordiale este întreaga atmosferă a Pământului. (Oricum, e puţin probabil să fim în stare să construim un detector mai mare.) Când o cuantă gama de energie înaltă ciocneşte atomi din atmosfera noastră, se creează perechi de electroni şi pozitroni. Când aceştia ciocnesc alţi atomi, se creează alte perechi electron-pozitron. Se obţine deci ceea ce numim duş de electroni. Rezultatul e o formă de lumină numită radiaţie Cerenkov. Putem deci detecta explozii de radiaţie gama căutând licăriri pe cerul nopţii.

Desigur, şi alte fenomene pot lumina cerul, de pildă fulgerele. Putem totuşi deosebi exploziile de raze gama de celelalte fenomene dacă observăm luminile simultan în două sau mai multe locuri aflate la mare distanţă. O asemenea cercetare a fost efectuată de doi fizicieni din Dublin, Neil Porter şi Trevor Weekes, folosind telescoape din Arizona. Ei au găsit câteva licăriri, dar nici una despre care să poată spune cu certitudine că ar fi o explozie de raze gama declanşată de găurile negre primordiale.

Deşi căutarea găurilor negre primordiale pare să nu fie încununată de succes, ea ne poate oferi informaţii importante despre primele faze ale universului. Dacă universul timpuriu ar fi fost haotic ori neregulat, sau dacă presiunea materiei ar fi fost mică, ne-am fi aşteptat să se fi produs mult mai multe găuri negre primordiale decât ne arată limita stabilită prin observaţiile asupra fondului de radiaţii gama. Doar dacă universul primordial a fost foarte neted şi uniform, cu o presiune ridicată, se poate explica absenţa unui număr observabil de găuri negre primordiale.

RELATIVITATEA GENERALĂ ŞI MECANICA CUANTICĂ

Radiaţia găurilor negre a fost primul exemplu de predicţie care a depins de cele două mari teorii ale secolului XX – relativitatea generală şi mecanica cuantică. La început i s-a opus o rezistenţă acerbă, fiindcă tulbura perspectiva încetăţenită: „Cum să emită ceva o gaură neagră?" Când am anunţat prima dată rezultatul calculelor mele la o conferinţă desfăşurată la Laboratorul Rutherford de lângă Oxford, am fost întâmpinat cu o neîncredere generală. La sfârşitul prezentării mele, conducătorul sesiunii, John G. Taylor de la Kings College din Londra, a zis că era complet absurd. Ba chiar a spus-o şi într-un articol.

Până la urmă însă, cei mai mulţi fizicieni, inclusiv John Taylor, au ajuns la concluzia că găurile negre trebuie să radieze ca nişte corpuri încinse, dacă ideile noastre privind relativitatea generală şi mecanica cuantică sunt corecte. Astfel, chiar dacă n-am reuşit încă să găsim o gaură neagră primordială, este în general acceptat faptul că ea ar trebui să emită o cantitate mare de raze gama şi X. Dacă va fi găsită una, voi primi Premiul Nobel.

Din existenţa radiaţiei găurilor negre pare să rezulte că aşa-numitul colaps gravitaţional nu e chiar atât de fatal şi ireversibil cum se credea înainte. Dacă un astronaut cade într-o gaură neagră, masa acesteia va creşte. Până la urmă, energia echivalentă cu acel surplus de masă va fi restituită universului sub formă de radiaţie. Aşadar, într-un fel, astronautul va fi reciclat. Ar fi totuşi o nemurire jalnică, fiindcă, pentru astronaut, orice noţiune personală de timp ar dispărea aproape sigur atunci când el ar fi nimicit în gaura neagră. Chiar şi tipurile de particule pe care gaura neagră le va emite apoi vor diferi de cele din care era alcătuit astronautul. Tot ce va supravieţui din astronaut va fi masa sau energia lui.

Aproximaţia pe care am folosit-o ca să deduc emisia găurilor negre ar trebui să fie valabilă atunci când gaura neagră are o masă mai mare decât o fracţiune de gram. Ea nu mai e valabilă la sfârşitul vieţii găurii negre, când masa ei devine foarte mică. Cel mai probabil rezultat pare a fi acela că gaura neagră dispare pur şi simplu, cel puţin din zona noastră de univers. I-ar lua cu ea pe astronaut şi orice singularitate s-ar mai afla înăuntrul găurii negre. Acesta era primul indiciu că mecanica cuantică ar putea elimina singularităţile prezise de relativitatea generală clasică. Oricum, metodele pe care eu şi alţii le-am folosit în 1974 pentru studiul efectelor cuantice ale gravitaţiei n-au putut lămuri întrebări cum ar fi aceea dacă în gravitația cuantică apar singularități.

Din 1975 am început să dezvolt o abordare mai puternică a gravitației cuantice, bazată pe ideea lui Feynman de sumă după istorii. Răspunsurile pe care le sugerează această abordare în privința originii şi soartei universului vor fi prezentate în următoarele două prelegeri. Vom vedea că mecanica cuantică permite universului să aibă un început care nu e o singularitate. Aceasta înseamnă că legile fizicii nu trebuie să-şi piardă valabilitatea la originea universului. Starea universului şi ceea ce conține el, de pildă noi înşine, sunt complet determinate de legile fizicii, până la limita stabilită de principiul incertitudinii. Acesta e tot spațiul de manevră al liberului-arbitru.

A CINCEA PRELEGERE

Originea şi soarta universului

De-a lungul anilor ’70 prioritatea cercetării mele au fost găurile negre. În 1981 însă, interesul meu pentru chestiuni legate de originea şi soarta universului s-a redeşteptat după ce am participat la o conferinţă pe teme de cosmologie la Vatican. Biserica Catolică a făcut o mare greşeală cu Galilei când a încercat să-şi impună legea într-o problemă ştiinţifică, afirmând că Soarele se învârte în jurul Pământului. Acum, după multe secole, a hotărât că ar fi bine să invite câţiva specialişti pe care să-i asculte vorbind despre cosmologie.

La sfârşitul conferinţei, Papa i-a primit în audienţă pe participanţi. Ne-a spus că era perfect normal să studiem evoluţia universului după big bang, dar că n-ar trebui să ne punem întrebări în legătură cu big bang-ul propriu-zis, fiindcă acela a fost momentul creaţiei, deci lucrarea lui Dumnezeu.

M-am bucurat atunci că nu ştia despre ce vorbisem eu la conferinţă. Nu-mi surâdea ideea de a împărtăşi soarta lui Galilei; simt o profundă compasiune faţă de Galilei, în parte fiindcă m-am născut la exact trei sute de ani după moartea lui.

MODELUL BIG BANG-ULUI FIERBINTE

Pentru a explica despre ce era vorba în prelegerea mea voi începe prin a prezenta istoria general acceptată a universului în conformitate cu ceea ce se numeşte „modelul big bang-ului fierbinte“. Acesta presupune că universul e descris de un model Friedmann, începând cu big bang-ul. În astfel de modele, găsim că, pe măsură ce universul se extinde, temperatura materiei şi cea a radiaţiei din el scad. Deoarece temperatura este pur şi simplu o măsură a energiei medii a particulelor, această răcire a universului va avea un efect important asupra materiei din el. La temperaturi foarte înalte, particulele se mişcă atât de repede, încât se pot sustrage oricărei atracţii reciproce provocate de forţele nucleare sau electromagnetice. Dar, pe măsură ce temperatura scade, ne aşteptăm ca particulele care se atrag reciproc să înceapă să se adune laolaltă.

În chiar momentul big bang-ului, universul avea mărimea zero, deci trebuie să fi fost infinit de fierbinte. Dar, pe măsură ce s-a extins, temperatura radiaţiei a scăzut. La o secundă după big bang, ea a scăzut la aproximativ zece miliarde de grade. Aceasta reprezintă cam de o mie de ori temperatura din centrul Soarelui, iar temperaturi de acest ordin se ating în exploziile bombelor cu hidrogen. La acel moment, universul conţinea în principal fotoni, electroni şi neutrini, precum şi antiparticulele lor*, împreună cu ceva protoni şi neutroni.

---

* Nu există antifotoni, antiparticula asociată fotonului este tot fotonul. (*N. ed.*)

Pe măsură ce universul a continuat să se extindă şi temperatura lui să scadă, rata de producere a electronilor şi a perechilor lor în ciocniri a scăzut sub rata la care erau distruşi prin anihilare. În acest fel, majoritatea electronilor şi antielectronilor s-au anihilat reciproc pentru a produce şi mai mulţi fotoni, lăsând în urmă doar câţiva electroni.

La aproximativ o sută de secunde după big bang temperatura a scăzut sub un miliard de grade, temperatura din interiorul celor mai fierbinţi stele. La această temperatură, protonii şi neutronii nu mai aveau suficientă energie pentru a scăpa de atracţia forţei nucleare tari. Ei au început astfel să se combine pentru a produce nucleele atomului de deuteriu (hidrogen greu), care conţin un proton şi un neutron. Nucleele de deuteriu s-au combinat apoi cu mai mulţi protoni şi neutroni, formând nuclee de heliu, care conţin doi protoni şi doi neutroni. Au mai existat şi mici cantităţi din câteva elemente mai grele, de pildă litiu şi beriliu.

Putem calcula că, în modelul big bang-ului fierbinte, aproximativ un sfert din protoni şi neutroni s-au transformat în nuclee de heliu, plus o cantitate mică de hidrogen greu şi alte elemente. Aceste predicţii sunt în foarte bun acord cu observaţiile.

Modelul big bang-ului fierbinte prezice de asemenea că ar trebui să observăm radiaţia rămasă din aceste faze timpurii fierbinţi. Expansiunea universului a făcut însă ca temperatura să scadă până la câteva grade deasupra lui zero absolut. Aceasta e explicaţia fondului radiaţiei de microunde descoperit de Penzias şi Wilson în 1965. Suntem aşadar destul de siguri că avem descrierea corectă, cel puţin în privinţa celor întâmplate de la o secundă după big bang încoace. La doar câteva ore după big bang, producerea heliului şi a altor elemente a încetat. Iar după aceea, în următorul milion de ani, universul n-a făcut decât să continue să se extindă, fără să se întâmple mare lucru. În cele din urmă, odată ce temperatura a scăzut la câteva mii de grade, electronii şi nucleele n-au mai avut suficientă energie ca să reziste atracţiei electromagnetice dintre ei, şi au început să se combine, formând atomi.

Universul în ansamblul lui a continuat să se extindă şi să se răcească. Totuşi, în regiuni puţin mai dense decât media, expansiunea a fost încetinită de o atracţie gravitaţională mai mare. Aceasta a oprit în cele din urmă expansiunea în anumite regiuni şi a produs colapsarea lor. În timp ce colapsau, atracţia gravitaţională a materiei din exteriorul acestor regiuni le-a făcut să se rotească uşor. Pe măsură ce regiunea aflată în colaps se micşora, rotaţia ei devenea mai rapidă – la fel cum patinatorii care fac piruete pe gheaţă se învârt mai rapid când îşi strâng braţele. Până la urmă, când regiunea s-a micşorat suficient, s-a rotit îndeajuns de repede pentru a echilibra atracţia gravitaţională. Astfel s-au născut galaxii rotitoare în formă de disc.

Cu trecerea timpului, gazul din galaxii s-a risipit în nori mai mici, care au colapsat sub propria lor gravitaţie. Pe măsură ce aceştia se contractau, temperatura gazului a crescut până a ajuns suficient de ridicată pentru a iniţia reacţii nucleare. Ele au transformat hidrogenul în heliu, iar căldura eliberată a făcut să crească presiunea, împiedicând astfel norii să se contracte şi mai mult. Aceştia au rămas în această stare timp îndelungat ca stele asemenea Soarelui nostru, care ard hidrogenul transformându-l în heliu şi radiază energie sub formă de căldură şi lumină.

Stelele mai masive trebuiau să fie mai fierbinţi pentru a echilibra atracţia lor gravitaţională mai puternică. Aceasta a făcut ca reacţiile de fuziune nucleară să se desfăşoare mult mai rapid, aşa încât hidrogenul lor s-a consumat în doar o sută de milioane de ani. După aceea s-au contractat încet şi, pe măsură ce se încălzeau şi mai mult, au început să transforme heliul în elemente mai grele cum ar fi carbonul sau oxigenul. În aceste procese nu s-a eliberat însă mult mai multă energie, iar astfel s-a ajuns într-o situaţie critică, după cum am arătat în prelegerea despre găurile negre.

Ce a urmat nu e complet lămurit, dar probabil că regiunile centrale ale stelei au colapsat până s-a ajuns la o stare foarte densă, cum ar fi o stea neutronică sau o gaură neagră. Regiunile exterioare ale stelei puteau să fi fost spulberate într-o explozie colosală numită supernovă, mult mai strălucitoare decât toate celelalte stele din galaxie. Unele dintre elementele grele produse aproape de sfârşitul vieţii unei stele au fost azvârlite înapoi în gazul din galaxie. Ele au asigurat o parte din materia primă pentru următoarea generaţie de stele.

Aproximativ două procente din compoziţia Soarelui nostru reprezintă aceste elemente grele, pentru că este o stea din a doua sau a treia generaţie. El s-a format în urmă cu vreo cinci miliarde de ani dintr-un nor de gaz rotitor ce conţinea rămăşiţe ale unor supernove mai vechi. Majoritatea gazului din acel nor a contribuit la formarea Soarelui sau a fost spulberat. O cantitate mică din elementele grele s-a adunat totuşi laolaltă pentru a forma corpurile care se rotesc acum în jurul Soarelui – planetele precum Pământul.

PROBLEME DESCHISE

Această descriere a universului care a început prin a fi foarte fierbinte şi s-a răcit pe măsură ce s-a extins e în conformitate cu toate dovezile de care dispunem, provenite din observaţii. Rămân totuşi fără răspuns mai multe probleme deschise. În primul rând: de ce a fost universul atât de fierbinte la început? În al doilea rând: de ce universul e atât de uniform la scară mare – de ce arată la fel în toate punctele din spaţiu şi în toate direcţiile?

În al treilea rând: de ce universul şi-a început expansiunea cu o rată atât de aproape de cea critică, prin care să evite la limită recolapsarea? Dacă rata de expansiune la o secundă după big bang ar fi fost mai mică chiar şi cu unu la o sută de milioane de miliarde, universul ar fi recolapsat înainte să ajungă la dimensiunea actuală. Pe de altă parte, dacă rata de expansiune în acel moment ar fi fost mai mare cu aceeaşi cantitate, universul s-ar fi extins atât de mult, încât acum ar fi fost practic gol.

În al patrulea rând: în ciuda faptului că universul este atât de uniform şi de omogen la scară mare, el conţine aglomerări locale cum ar fi stelele şi galaxiile. Acestea se crede că s-au dezvoltat din cauza unor mici diferenţe de densitate de la o regiune la alta în universul timpuriu. Care a fost originea acestor fluctuaţii de densitate?

Teoria generală a relativităţii nu poate explica de una singură aceste trăsături, sau nu poate să răspundă la aceste întrebări, deoarece ea prezice că universul a început cu o densitate infinită în singularitatea big bang. Relativitatea generală şi toate celelalte legi ale fizicii nu se aplică în acea singularitate. După cum am arătat mai sus, asta înseamnă că putem elimina din teorie toate evenimentele dinainte de big bang, fiindcă ele n-au nici un efect asupra observaţiilor noastre. Spaţiul-timp a avut o frontieră – un început la big bang. De ce a început universul la momentul big bang astfel încât să conducă la starea pe care o observăm astăzi? De ce este universul atât de uniform şi se extinde exact cu rata critică necesară pentru a evita recolapsarea? Ne-am simţi uşuraţi dacă am putea arăta că un număr mare de configuraţii iniţiale diferite ale universului ar fi evoluat către un univers precum cel pe care îl observăm azi.

Dacă aşa stau lucrurile, un univers care s-a dezvoltat din nişte condiţii iniţiale aleatoare ar trebui să conţină un număr de regiuni care seamănă cu ceea ce observăm noi. Ar putea exista de asemenea regiuni care sunt foarte diferite, dar ele probabil că nu oferă condiţii potrivite pentru formarea galaxiilor şi stelelor. Acestea sunt cerinţe esenţiale pentru dezvoltarea vieții inteligente, cel puțin așa cum o cunoaștem noi, așadar aceste regiuni nu ar conține nici o ființă care să observe că sunt diferite.

Când ne gândim la cosmologie, trebuie să luăm în considerare principiul de selecție conform căruia trăim într-o regiune a universului compatibilă cu viața inteligentă. Această considerație elementară și evidentă poartă numele de principiu antropic. Să presupunem că starea inițială a universului a trebuit să fie aleasă cu extrem de multă grijă pentru a conduce la ceea ce vedem astăzi în jurul nostru. În acest caz, ar fi puțin probabil ca universul să conțină vreo regiune în care să apară viața.

În modelul big bang-ului fierbinte pe care l-am prezentat mai sus, în universul timpuriu, căldura n-a avut suficient timp ca să difuzeze de la o regiune la alta. Asta înseamnă că diferite regiuni ale universului trebuie să fi pornit cu exact aceeași temperatură, pentru a explica faptul că fondul de microunde are aceeași temperatură în orice direcție privim. De asemenea, rata inițială de expansiune trebuie să fi fost aleasă cu foarte multă precizie pentru ca universul să nu fi recolapsat până acum. Asta înseamnă că starea inițială a universului trebuie să fi fost într-adevăr foarte atent aleasă, dacă modelul big bang-ului fierbinte este valabil de la începutul timpului încoace. Ar fi foarte greu de explicat de ce universul a trebuit să înceapă exact în acest fel, dacă nu cumva a fost intervenția unui Dumnezeu care a vrut să creeze ființe ca noi.

MODELUL INFLAŢIONAR

Pentru a evita această dificultate legată de primele faze ale universului în modelul big bang-ului fierbinte, Alan Guth de la Institutul Tehnologic din Massachusetts a propus un nou model, conform căruia un număr mare de configuraţii iniţiale puteau să evolueze către ceva asemănător universului actual. El a sugerat că universul timpuriu putea să fi cunoscut o perioadă de expansiune foarte rapidă, exponenţială, numită expansiune inflaţionară, prin analogie cu inflaţia preţurilor care afectează, într-o măsură mai mică sau mai mare, toate ţările. Recordul îl deţine probabil Germania de după Primul Război Mondial, când preţul unei pâini a crescut în câteva luni de la mai puţin de o marcă la milioane de mărci. Dar inflaţia dimensiunii universului care credem că a avut loc a fost cu mult mai mare – un milion de milioane de milioane de milioane de milioane de ori în doar o fracţiune infimă de secundă. Ea a avut loc, desigur, înainte de instalarea guvernului actual.

Guth a presupus că universul s-a născut dintr-un big bang foarte fierbinte. La temperaturi atât de înalte se crede că forţele nucleară tare, nucleară slabă şi electromagnetică erau unite într-o singură forţă. Pe măsură ce s-a extins, universul s-a mai răcit, iar energiile particulelor au scăzut. În cele din urmă a avut loc ceea ce se numeşte o tranziţie de fază, când simetria dintre forţe s-a rupt: forţa nucleară tare a devenit diferită de forţele nucleară slabă şi electromagnetică. Un exemplu comun de tranziţie de fază este îngheţarea apei prin răcire. Apa lichidă este simetrică – arată la fel în orice punct şi în orice direcţie. Dar, când se formează cristale de gheaţă, acestea au poziţii bine definite şi sunt aliniate pe o anumită direcţie. Astfel, simetria apei e ruptă.

Dacă acţionăm cu atenţie, apa poate fi „suprarăcită“, adică putem scădea temperatura ei sub punctul de îngheţ – zero grade Celsius – fără să se formeze gheaţă. Guth a sugerat că este posibil ca universul să se fi comportat într-un mod asemănător: temperatura să fi scăzut sub valoarea critică, fără ca simetria dintre forţe să fie ruptă. Dacă aşa s-a întâmplat, universul a ajuns într-o stare instabilă, având mai multă energie decât dacă simetria ar fi fost ruptă. Se poate arăta că acest surplus de energie are un efect antigravitaţional – se comportă la fel ca o constantă cosmologică.

Einstein a introdus constanta cosmologică în relativitatea generală atunci când a încercat să construiască un model static al universului. În cazul nostru însă, universul se afla deja în expansiune. Efectul repulsiv al acestei constante cosmologice a făcut deci ca universul să se extindă cu o rată tot mai mare. Chiar şi în regiunile unde densitatea particulor de materie era mai mare decât densitatea medie din univers, atracţia gravitaţională a materiei a fost depăşită de respingerea datorată constantei cosmologice efective. Prin urmare, şi aceste regiuni s-au extins într-o manieră inflaţionară accelerată.

Pe măsură ce universul s-a extins, particulele s-au îndepărtat şi mai mult, ajungându-se până la urmă la un univers dilatat în care particulele erau extrem de rarefiate. Acesta se afla încă în starea suprarăcită, în care simetria dintre forțe nu era ruptă. Toate neregularitățile din univers au fost pur şi simplu netezite prin expansiune, la fel cum cutele de pe un balon se netezesc atunci când îl umflăm. Starea actuală netedă şi omogenă a universului putea deci să fi evoluat din mai multe stări inițiale neomogene diferite. Rata expansiunii a tins de asemenea către rata critică necesară pentru a evita recolapsarea.

În plus, ideea de inflație ar putea să explice şi de ce există atât de multă materie în univers. Numărul particulelor din regiunea din univers pe care o putem observa este de ordinul lui 10^{80}. De unde provin ele? Răspunsul dat de teoria cuantică este că particulele pot fi create din energie sub formă de perechi particulă/antiparticulă. Dar asta ne trimite către o altă întrebare: de unde provine energia? Răspunsul este că energia totală a universului e exact zero.

Materia din univers e alcătuită din energie pozitivă. Materia acționează însă asupra ei înseşi prin forța gravitațională. Două bucăți de materie aflate aproape una de alta au mai puțină energie decât aceleaşi două bucăți aflate departe una de alta. Aceasta deoarece trebuie să consumi energie pentru a le despărți – trebuie să tragi în sens opus forței gravitaționale care face să fie atrase una spre alta. Deci, într-un anume sens, câmpul gravitațional are energie negativă. În cazul întregului univers, putem arăta că această energie gravitațională negativă anulează exact energia pozitivă a materiei. Prin urmare, energia totală a universului este zero.

Dar de două ori zero face tot zero. Astfel, universul îşi poate dubla cantitatea de energie pozitivă a materiei şi îşi poate dubla şi energia gravitaţională negativă, fără să violeze conservarea energiei. Acest lucru nu se întâmplă în cazul expansiunii normale a universului, când densitatea de energie a materiei scade pe măsură ce universul creşte, dar se întâmplă în expansiunea inflaţionară, deoarece densitatea de energie a stării suprarăcite rămâne constantă în timp ce universul se extinde. Când universul îşi dublează dimensiunea, atât energia pozitivă a materiei, cât şi energia negativă gravitaţională se dublează, astfel încât energia totală rămâne zero. În cursul fazei inflaţionare, dimensiunea universului creşte enorm, prin urmare şi cantitatea totală de energie disponibilă pentru crearea particulelor devine imensă. „Se spune că nimic nu-i gratuit, dar universul e gratuitatea supremă", remarca odată Guth.

SFÂRŞITUL INFLAŢIEI

Astăzi universul nu se mai extinde inflaţionar. Trebuie să fi existat prin urmare un mecanism care să elimine enorma constantă cosmologică efectivă. În felul acesta expansiunea accelerată a fost înlocuită de o expansiune încetinită de gravitaţie, aşa cum este în prezent.* Pe măsură ce universul s-a extins şi s-a răcit,

* De fapt, observaţii recente arată că în prezent universul se extinde accelerat, iar pentru această descoperire Saul Perlmutter,

simetria dintre forţe trebuie să se fi rupt, aşa cum apa suprarăcită îngheaţă întotdeauna până la urmă. Surplusul de energie a stării în care simetria nu era ruptă a fost atunci eliberat şi a încălzit din nou universul, care a continuat apoi să se extindă şi să se răcească, exact ca în modelul big bang-ului fierbinte. În felul acesta ne-am putea explica de ce universul s-a extins exact cu rata critică şi de ce diverse regiuni au avut aceeaşi temperatură.

În propunerea iniţială a lui Guth, tranziţia către starea cu simetrie ruptă se presupunea că s-a produs brusc, aşa cum apar cristale de gheaţă în apa foarte rece. Ideea era că „bule" ale noii faze cu simetrie ruptă s-au format în vechea fază, la fel ca bulele de abur din apa care fierbe. Se presupunea că bulele s-au extins şi s-au contopit cu alte bule, pentru ca în cele din urmă întreg universul să se afle în noua fază. Însă, după cum eu şi alţii am subliniat, problema era că universul se extindea atât de repede, încât bulele se îndepărtau unele de altele mult prea rapid pentru a apuca să se unească. Universul s-ar fi aflat într-o stare extrem de neomogenă, unele regiuni rămând cu simetrii între diferitele forţe. Un asemenea model n-ar corespunde cu ceea ce vedem acum.

Adam Riess şi Brian Schmidt au primit în 2011 Premiul Nobel. Modelele teoretice care încearcă să explice această expansiune accelerată presupun existenţa unei misterioase energii întunecate (*dark energy*) – a nu se confunda cu materia întunecată, despre care vorbeşte aici şi Hawking. (*N. ed.*)

În octombrie 1981 m-am dus la Moscova la o conferință pe tema gravitației cuantice. După conferință, am ținut un seminar despre modelul inflaționar și despre problemele sale la Institutul Astronomic Sternberg. În sală se afla și un tânăr rus pe nume Andrei Linde. El spunea că dificultatea cu bulele care nu se unesc ar putea fi evitată dacă bulele ar fi foarte mari. În acest caz, regiunea noastră de univers ar putea fi conținută într-o singură asemenea bulă. Pentru ca această propunere să fie valabilă, ruperea simetriei trebuie să fi avut loc foarte lent în interiorul bulei, lucru posibil conform teoriilor marii unificări.*

Ideea lui Linde de rupere lentă a simetriei era foarte bună, dar eu am subliniat că bulele lui ar fi fost mai mari decât universul la acel moment. Am arătat că simetria se putea rupe peste tot în același timp, nu doar în interiorul bulelor, iar aceasta ar fi condus la un univers uniform, așa cum îl vedem astăzi. Modelul ruperii lente a simetriei a fost o încercare bună de a explica de ce universul este așa cum este, însă, împreună cu alți fizicieni, am arătat că prezicea variații mult mai mari ale radiației cosmice de fond decât se observă. De asemenea, cercetări ulterioare au pus la

---

* Teoriile marii unificări (*grand unified theories*) vizează unificarea interacției nucleare tari cu interacția nucleară slabă și cu interacția electromagnetică. (De fapt, ultimele două au fost deja unificate în teoria interacției electroslabe.) Nu e vorba aici de unificarea acestora cu gravitația, adică nu e vorba de o teorie universală (*theory of everything*). (*N. ed.*)

îndoială faptul că tranziţia de fază din universul timpuriu ar fi fost de tipul potrivit. În 1983 Linde a propus un model mai bun, numit modelul inflaţionar haotic, care nu mai depindea de tranziţiile de fază şi prezicea magnitudinea corectă a variaţiilor fondului de microunde. Modelul inflaţionar a arătat că starea actuală a universului putea să fi apărut dintr-un număr mare de configuraţii iniţiale diferite. Totuşi, este imposibil ca fiecare configuraţie iniţială să conducă la un univers ca acela pe care îl observăm. Astfel, nici măcar modelul inflaţionar nu ne spune de ce configuraţia iniţială a fost aceea care să producă ceea ce observăm. Trebuie oare să apelăm la principiul antropic pentru o explicaţie? A fost pur şi simplu o întâmplare fericită? Pare să fie aici un abandon, o renunţare la toate speranţele de a înţelege ordinea fundamentală a universului.

GRAVITAŢIA CUANTICĂ

Pentru a prezice modul cum a început universul, avem nevoie de legi care să fi fost valabile la începutul timpului. Dacă teoria clasică a relativităţii generale e corectă, teorema singularităţii ne spune că începutul timpului a fost un punct cu densitate şi curbură infinite. Toate legile cunoscute ale ştiinţei încetează să fie valabile într-un asemenea punct. Am putea presupune că au existat alte legi care să se aplice în singularităţi, dar ar fi foarte dificil chiar şi să formulăm legi pentru astfel de puncte problematice, iar observaţiile nu ne-ar putea oferi nici un indiciu privind acele legi. Ce ne spune însă teorema singularității este că gravitația devine atât de puternică, încât trebuie ținut cont de efectele cuantice: teoria clasică nu mai oferă o descriere bună a universului. Pentru a studia primele faze ale universului avem deci nevoie de o teorie cuantică a gravitației. După cum vom vedea, în teoria cuantică e posibil ca legile obişnuite ale ştiinței să fie valabile pretutindeni, chiar şi la începutul timpului. Nu trebuie să postulăm noi legi pentru singularități, deoarece în teoria cuantică nu e necesar să existe singularități.

Nu dispunem încă de o teorie completă şi consistentă care să combine mecanica cuantică şi gravitația. Cunoaştem totuşi cu certitudine anumite trăsături pe care o asemenea teorie unificată ar trebui să le aibă. Una dintre ele este că ar trebui să conțină propunerea lui Feynman de a formula teoria cuantică în termenii unei sume după istorii.* În această abordare, o particulă care se deplasează de la A la B nu are o singură istorie, ca într-o teorie clasică, ci se presupune că urmează toate drumurile posibile în spațiu-timp. Fiecăreia dintre aceste istorii i se asociază două numere, unul reprezentând mărimea unei unde, iar celălalt, poziția ei în ciclu – faza acesteia.

Probabilitatea ca particula să treacă, de exemplu, printr-un anumit punct este găsită adunând undele

---

* Pentru mai multe explicații despre formularea dată de Feynman mecanicii cuantice, vezi Lawrence M. Krauss, *Omul cuantic*, Editura Humanitas, Bucureşti, 2013. (*N. ed.*)

asociate fiecărei istorii posibile care trece prin acel punct. Dar, când încercăm să calculăm aceste sume, ne izbim de mari dificultăţi tehnice. Singura cale de a le depăşi este următoarea: trebuie să adunăm undele pentru istoriile particulelor dintr-un timp imaginar, iar nu din timpul real pe care îl cunoaştem din experienţa noastră.

Ideea de timp imaginar poate părea ştiinţifico-fantastică, dar este de fapt un concept matematic bine definit. Pentru a evita dificultăţile tehnice întâmpinate la însumarea lui Feynman după istorii trebuie să folosim un timp imaginar. Aceasta are un efect interesant asupra spaţiului-timp: deosebirea dintre timp şi spaţiu dispare complet. Un spaţiu-timp în care evenimentele au valori imaginare pentru coordonata timp se spune că este euclidian, pentru că are metrica pozitiv definită.*

---

* În general, metrica este o funcţie care defineşte distanţele dintre punctele unui spaţiu. De pildă, în geometria plană euclidiană, distanţa dintre două puncte se calculează pe baza teoremei lui Pitagora (pătratul ipotenuzei este *suma* pătratelor catetelor). Relativitatea specială, care operează într-un spaţiu cvadridimensional (trei dimensiuni spaţiale şi una temporală), e reprezentată de regulă în spaţiul Minkowski, unde, în calculul pătratului distanţei dintre două puncte (evenimente), pătratul dimensiunii temporale (timpul × *c* [viteza luminii]) e luat cu semn schimbat faţă de suma pătratelor dimensiunilor spaţiale – cu alte cuvinte, în metrică, dimensiunea temporală apare cu semnul minus, iar dimensiunile spaţiale cu semnul plus. Spaţiul Minkowski (spaţiul-timp real) nu este un spaţiu euclidian, pentru că intervine un semn minus în calculul distanţei. Dacă însă

În spațiul-timp euclidian nu este nici o diferență între direcția timpului și direcțiile din spațiu. Pe de altă parte, într-un spațiu-timp real, în care coordonata temporală a evenimentelor ia valori reale, diferența aceasta e evidentă. Direcția timpului se află în interiorul conului luminos, iar direcțiile spațiului în afara lui. Putem privi utilizarea timpului imaginar doar ca pe un instrument matematic – sau un artificiu – pentru a obține rezultate privind spațiul-timp real. S-ar putea totuși să fie mai mult decât atât. S-ar putea ca spațiul euclidian să fie conceptul fundamental, iar ceea ce credem noi că este spațiul-timp real să fie doar o plăsmuire a închipuirii noastre.

Când aplicăm sumarea Feynman după istoriile universului, analogul istoriei unei particule este acum un spațiu-timp complet curbat, care reprezintă istoria întregului univers. Din motivele tehnice menționate mai sus, aceste spații-timp curbe trebuie să fie euclidiene – adică timpul este imaginar, iar direcția sa nu se deosebește de direcțiile spațiale. Pentru a calcula probabilitatea de a găsi un spațiu-timp real cu o anumită proprietate, adunăm undele asociate tuturor istoriilor din timpul imaginar care au acea proprietate. Putem apoi determina care este istoria probabilă a universului în timpul real.

---

considerăm pentru dimensiunea temporală timpul × c × i (unde i este radical din minus unu), cele patru dimensiuni apar cu același semn în metrică. În felul acesta, pătratul distanței dintre două puncte apare ca o sumă de pătrate (spațiul este euclidian, adică distanțele pot fi calculate pe baza teoremei lui Pitagora), dar timpul este imaginar. (*N. ed.*)

CONDIŢIA „FĂRĂ FRONTIERĂ“

În teoria clasică a gravitaţiei, care se bazează pe spaţiul-timp real, există doar două moduri posibile în care universul se poate comporta. Fie a existat dintotdeauna, fie a început dintr-o singularitate, cu un timp finit în urmă. De fapt, teoremele singularităţii ne arată că trebuie să alegem a doua variantă. În teoria cuantică a gravitaţiei apare însă o a treia posibilitate. Deoarece folosim spaţii-timp euclidiene, în care direcţia timpului se află pe picior de egalitate cu direcţiile spaţiului, spaţiul-timp poate avea o întindere finită, fără să aibă însă singularităţi care să constituie o frontieră sau o margine. Spaţiul-timp ar fi ca suprafaţa Pământului, dar cu două dimensiuni în plus. Suprafaţa Pământului are o întindere finită, însă nu are o frontieră sau o margine. Dacă porneşti pe mare spre apus nu cazi de pe vreo margine, nici nu dai peste vreo singularitate. Ştiu asta pentru că am făcut înconjurul lumii.

Dacă spaţiile-timp euclidiene ne conduc înapoi la un timp imaginar infinit sau dacă încep cu o singularitate, avem aceeaşi problema ca în teoria clasică: trebuie să specificăm starea iniţială a universului. Poate că Dumnezeu ştie cum a început universul, dar noi n-avem nici un motiv să credem că a început într-un fel sau în altul. Teoria cuantică a gravitaţiei a deschis însă o nouă posibilitate – spaţiul-timp nu are frontieră, prin urmare nu e nevoie să specificăm comportamentul la frontieră. Nu există singularităţi în care legile ştiinţei să nu mai fie valabile, nici vreo margine a spaţiului-timp, aşa încât să fim obligaţi să apelăm la Dumnezeu sau la vreo nouă lege ca să stabilim condiţiile la frontieră* pentru spaţiu-timp. Am putea spune: „Condiţia la frontieră a universului este că nu are frontieră." Universul ar fi complet autonom, fără să fie influenţat de ceva din afara lui. N-ar fi nici creat, nici distrus. Pur şi simplu ar fi.

La conferinţa de la Vatican mi-am prezentat pentru prima dată ideea că s-ar putea ca timpul şi spaţiul să formeze împreună o suprafaţă finită ca mărime, dar fără frontieră sau margine. Prelegerea mea era plină de detalii matematice, aşa că, din fericire pentru mine, consecinţele ei privind rolul lui Dumnezeu în crearea universului au trecut atunci neobservate. În timpul conferinţei de la Vatican nu ştiam cum să folosesc ideea „fără frontieră" ca să fac predicţii despre univers. Vara următoare mi-am petrecut-o însă la Universitatea din California, iar acolo, împreună cu prietenul şi colegul meu Jim Hartle, am determinat ce condiţii trebuie să satisfacă universul dacă spaţiul-timp nu are frontieră.

Vreau să subliniez faptul că ideea ca timpul şi spaţiul să fie finite, fără frontieră, e doar o propunere. Ea nu poate fi dedusă din vreun alt principiu. Ca orice altă teorie ştiinţifică, ea poate fi avansată doar pe te-

---

* Termenul încetăţenit în româneşte este „condiţii la limită". Am preferat totuşi în acest caz să traducem *boundary conditions* prin „condiţii la frontieră", fiindcă e vorba explicit de frontiera universului. (*N. ed.*)

meiuri estetice sau metafizice, dar adevăratul test este dacă face predicţii care sunt în acord cu observaţiile. Acest lucru e însă dificil de determinat în cazul gravitaţiei cuantice, din două motive. Primul este că deocamdată nu ştim cu certitudine ce teorie reuşeşte să îmbine relativitatea generală şi mecanica cuantică, deşi ştim destul de multe despre forma pe care o asemenea teorie trebuie s-o aibă. Al doilea este că orice model care descrie în detaliu întregul univers ar fi mult prea complicat matematic pentru ca noi să putem calcula predicţii exacte. Trebuie aşadar să facem aproximări, dar şi atunci problema deducerii predicţiilor rămâne una dificilă.

Pornind de la propunerea „fără frontieră", găsim că probabilitatea ca universul să urmeze majoritatea istoriilor posibile este neglijabilă. Există însă o familie de istorii care sunt mult mai probabile decât celelalte. Într-o descriere vizuală, aceste istorii arată ca suprafaţa Pământului, unde distanţa măsurată de la Polul Nord reprezintă timpul imaginar, iar lungimea cercului de latitudine, mărimea spaţială a universului. Universul începe la Polul Nord ca un singur punct. Pe măsură ce ne îndreptăm spre sud, cercul de latitudine creşte, corespunzând extinderii universului odată cu trecerea timpului imaginar. Universul îşi atinge mărimea maximă la Ecuator, iar apoi se contractă din nou într-un singur punct la Polul Sud. Deşi universul are mărime zero la Polul Nord şi la Polul Sud, aceste puncte nu sunt singularităţi, după cum nici polii

Pământului nu sunt. Legile ştiinţei sunt valabile la începutul universului, la fel cum sunt valabile la poli.

Istoria universului în timpul real arată însă foarte diferit. Universul începe cu o dimensiune minimă, egală cu dimensiunea maximă a istoriei în timpul imaginar. El se extinde apoi în timpul real, ca în modelul inflaţionar. Totuşi, acum nu trebuie să presupunem că universul a fost cumva creat exact în starea potrivită. Universul se extinde foarte mult, dar în cele din urmă colapsează din nou către ceva care arată ca o singularitate în timpul real. Într-un fel, suntem şi în acest caz condamnaţi cu toţii la pieire, chiar dacă ne ferim de găurile negre. Doar dacă ne reprezentăm universul în termenii timpului imaginar nu mai avem de-a face cu singularităţi.

Teoremele singularităţii din relativitatea generală clasică au arătat că universul trebuie să aibă un început, iar acest început trebuie descris în termenii teoriei cuantice. La rândul ei, teoria cuantică a condus la ideea că universul poate fi finit în timpul imaginar, dar fără frontiere sau singularităţi. Când ne întoarcem însă la timpul real, cel în care trăim, avem iarăşi de-a face cu singularităţi. Bietul astronaut care cade în gaura neagră tot va ajunge la un sfârşit necruţător. Doar dacă ar trăi în timpul imaginar n-ar întâlni singularităţi.

Aceasta ne-ar putea face să ne gândim că aşa-numitul timp imaginar este de fapt timpul fundamental, iar ceea ce numim timp real e numai o creaţie a minţilor noastre. În timpul real, universul are un început şi un sfârşit în singularităţi, care formează o frontieră a spaţiului-timp şi unde legile ştiinţei nu mai sunt valabile. În timpul imaginar însă, nu există singularităţi sau frontiere. Prin urmare, poate că ceea ce numim noi timp imaginar are de fapt un caracter mai profund, iar ceea ce numim timp real este doar o idee pe care ne-am făurit-o pentru a ne ajuta să descriem felul în care credem că arată universul. Dar, în conformitate cu abordarea pe care am prezentat-o în prima prelegere, o teorie ştiinţifică nu este decât un model matematic pe care îl facem pentru a descrie observaţiile noastre. El există doar în minţile noastre. Prin urmare, nu are nici un sens să întrebăm: Care este cel adevărat, timpul „real“ sau timpul „imaginar“? Problema este pur şi simplu care descriere ne e mai utilă.

Propunerea „fără frontieră“ pare să prezică faptul că, în timpul real, universul ar trebui să se comporte ca în modelele inflaţionare. O problemă foarte interesantă este dimensiunea micilor abateri de la densitatea uniformă în universul timpuriu. Se crede că acestea au condus la formarea mai întâi a galaxiilor, apoi a stelelor, iar în cele din urmă a fiinţelor cum suntem noi. Din principiul incertitudinii rezultă că universul timpuriu nu putea să fi fost perfect omogen, ci trebuie să fi existat nişte incertitudini sau fluctuaţii în poziţiile şi vitezele particulelor. Folosind condiţia „fără frontieră“, ajungem la concluzia că universul trebuie să fi început doar cu neomogenitatea minimă posibilă permisă de principiul incertitudinii.

În acest caz, universul trebuie să fi trecut printr-o perioadă de expansiune rapidă, ca în modelul inflaţionar.

În cursul acestei perioade, neomogenitățile inițiale au fost amplificate până când au devenit suficient de mari pentru a face cu putință apariția galaxiilor. Prin urmare, toate structurile complicate pe care le vedem în univers pot fi explicate prin condiția „fără frontieră“ aplicată universului și prin principiul incertitudinii din mecanica cuantică.

Ideea că spațiul și timpul alcătuiesc o suprafață închisă fără frontiere are de asemenea consecințe profunde în privința rolului lui Dumnezeu în univers. Datorită succesului teoriilor științifice în descrierea evenimentelor, majoritatea oamenilor au ajuns să creadă că Dumnezeu permite universului să evolueze conform unui set de legi. El nu pare să intervină în univers pentru a anula acele legi. Legile nu ne spun însă cum va fi arătat universul la începuturile lui. Rolul lui Dumnezeu ar rămâne mai departe acela de a întoarce mecanismul ceasornicului și de a alege felul în care îl pune în funcțiune. Atâta timp cât universul a avut un început care a fost o singularitate, putem presupune și că a fost creat printr-o intervenție din exterior. Dar, dacă universul este într-adevăr complet autonom, fără frontiere sau margini, atunci el nu poate fi nici creat, nici distrus. Pur și simplu este. Și atunci, ce loc și-ar mai găsi un creator?

A ŞASEA PRELEGERE

Direcția timpului

În romanul *Mesagerul*, L.P. Hartley scria: „Trecutul este o țară străină. Ei acționează altfel acolo – dar de ce este trecutul atât de diferit de viitor? De ce ne amintim trecutul, dar nu și viitorul?" Cu alte cuvinte, de ce timpul merge înainte? E oare acest lucru legat de faptul că universul se extinde?

C, P, T

Legile fizicii nu fac deosebirea între trecut și viitor. Mai precis, legile fizicii rămân neschimbate la combinația de operații cunoscute sub numele de C, P și T. (C înseamnă înlocuirea particulelor cu antiparticule. P înseamnă înlocuirea cu imaginea în oglindă, adică stânga devine dreapta, și dreapta devine stânga. T reprezintă inversarea direcției de mișcare a tuturor particulelor – derularea inversă a mișcării.) Legile fizicii care guvernează comportamentul materiei în toate situațiile normale rămân neschimbate la operațiile C și P luate împreună, fără T. Cu alte cuvinte, viața ar arăta exact la fel pentru locuitorii altei planete care ar fi imaginile noastre în oglindă şi care ar fi constituiţi din antimaterie. Dacă te întâlneşti cu cineva de pe o altă planetă şi îţi întinde mâna stângă, nu i-o strânge. Ar putea fi făcut din antimaterie. Aţi dispărea amândoi într-o explozie de lumină. Dacă legile fizicii rămân neschimbate la combinaţia de operaţii C şi P, precum şi la combinaţia C, P şi T, atunci ele ar trebui să rămână neschimbate şi la operaţia T luată de una singură. Există totuşi o mare diferenţă între direcţiile înainte şi înapoi ale timpului în viaţa de zi cu zi. Imaginaţi-vă o cană cu apă care cade de pe masă, se izbeşte de podea şi se sparge. Urmărind filmul acestei întâmplări, îţi poţi da seama cu uşurinţă dacă e derulat înainte sau înapoi. Când e derulat înapoi, vezi cioburile de pe podea cum se adună brusc laolaltă, alcătuiesc cana, iar aceasta sare pe masă, unde e plină cu apă. Îţi dai seama că filmul e derulat înapoi pentru că un asemenea comportament nu se întâlneşte niciodată în viaţa reală. Dacă s-ar întâlni, sticlarii ar da faliment.

SĂGEŢILE TIMPULUI

Explicaţia care se dă de obicei pentru faptul că nu vedem căni sparte sărind înapoi pe masă este că legea a doua a termodinamicii o interzice. Legea a doua spune că dezordinea sau entropia creşte întotdeauna în timp. Cu alte cuvinte, este legea lui Murphy – totul merge spre mai rău. O cană intactă pe masă e o stare ordonată, pe când o cană spartă pe podea e o stare dezordonată. Putem aşadar ajunge de la cana întreagă de pe masă, din trecut, la cana spartă de pe podea, din viitor, dar nu şi invers.

Creşterea în timp a dezordinii sau entropiei este un exemplu privind ceea ce se numeşte *săgeata timpului*, ceva care dă o direcţie timpului şi face distincţia dintre trecut şi viitor. Există cel puţin trei săgeţi diferite ale timpului. Prima este săgeata termodinamică a timpului – sensul timpului în care dezordinea sau entropia creşte. A doua este săgeata psihologică a timpului, direcţia în care noi simţim că trece timpul – direcţia timpului în care ne amintim trecutul, dar nu şi viitorul. A treia este săgeata cosmologică a timpului – direcţia în care universul se extinde, nu se contractă.

Voi arăta că săgeata psihologică e determinată de săgeata termodinamică, iar ambele sunt orientate întotdeauna în aceeaşi direcţie. Dacă presupunem că universul satisface condiţia „fără frontieră", aceste două săgeţi sunt legate de săgeata cosmologică a timpului, deşi s-ar putea să nu fie orientate în aceeaşi direcţie. Voi arăta totuşi că doar dacă toate cele trei săgeţi indică aceeaşi direcţie pot exista fiinţe inteligente care să-şi pună întrebarea: De ce dezordinea creşte în aceeaşi direcţie a timpului în care universul se extinde?

SĂGEATA TERMODINAMICĂ

Am să încep cu săgeata termodinamică a timpului. Legea a doua a termodinamicii se bazează pe faptul că există mult mai multe stări dezordonate decât ordonate. De pildă, gândiţi-vă la piesele unui puzzle aflate într-o cutie. Există un singur aranjament în care piesele alcătuiesc o imagine perfectă. Pe de altă parte, există un număr foarte mare de aranjamente în care piesele sunt dezordonate şi nu alcătuiesc o imagine.

Să presupunem că un sistem se află la început într-una dintre puţinele stări ordonate. Pe măsură ce trece timpul, sistemul va evolua în conformitate cu legile fizicii, şi starea lui se va schimba. La un moment ulterior, probabilitatea ca starea acestuia să fie mai dezordonată e mare, pentru simplul fapt că există mult mai multe stări dezordonate. Prin urmare, cu timpul, dezordinea va tinde să crească, dacă sistemul satisface o condiţie iniţială de ordine ridicată.

Să presupunem că la început piesele acelui puzzle sunt aranjate ordonat, aşa încât să alcătuiască o imagine. Dacă scuturi cutia, piesele vor ajunge într-un alt aranjament, care va fi probabil dezordonat, şi nu se va forma o imagine perfectă, din simplul motiv că există mult mai multe aranjamente dezordonate. Nu e exclus ca unele grupuri de piese să mai alcătuiască încă părţi din imagine, dar, cu cât scuturi mai mult cutia, cu atât devine mai probabil ca aceste grupuri să se destrame. Piesele vor ajunge într-o stare complet amestecată, în care nu mai alcătuiesc nici un fel de imagine. Astfel, dezordinea pieselor este cel mai probabil să crească în timp, dacă acestea satisfac condiţia iniţială de a porni dintr-o stare foarte ordonată.

Să presupunem însă că Dumnezeu ar fi hotărât ca universul să sfârşească, după un timp îndelungat, într-o stare foarte ordonată, indiferent care ar fi fost starea lui inițială. Atunci, la începutul lui, universul s-ar fi aflat probabil într-o stare dezordonată, iar dezordinea ar scădea în timp. Am avea atunci de-a face cu cioburi de cană care se contopesc şi sar înapoi pe masă. Acei oameni care ar observa aceste căni, oricare ar fi ei, ar trăi însă într-un univers unde dezordinea scade în timp. Voi arăta că asemenea fiinţe ar avea o săgeată psihologică a timpului orientată invers: ele şi-ar aminti viitorul şi n-ar ţine minte trecutul.

SĂGEATA PSIHOLOGICĂ

E destul de greu să vorbim despre memoria umană, fiindcă nu ştim în detaliu cum funcţionează creierul. Ştim însă totul despre felul în care funcţionează memoria unui calculator. Prin urmare, voi vorbi despre săgeata psihologică a timpului pentru calculatoare. Cred că e rezonabil să presupunem că săgeata pentru calculatoare e aceeaşi cu cea pentru oameni. Dacă n-ar fi, am putea da lovitura la bursă având un calculator care ţine minte preţurile de mâine.

Memoria unui calculator este în esenţă un dispozitiv care se poate afla într-una din două stări. Pentru analogie, gândiţi-vă la o buclă de supraconductor. Dacă circulă un curent prin buclă, el va continua să circule, deoarece nu întâmpină nici o rezistenţă. Dacă însă nu circulă vreun curent, bucla va rămâne în continuare fără curent. Putem numi cele două stări ale memoriei „unu“ şi „zero“.

Înainte ca o informaţie să fie înregistrată în memorie, aceasta se află într-o stare dezordonată, cu probabilităţi egale pentru unu şi zero. După ce memoria interacţionează cu sistemul care trebuie memorat, ea se va afla cu certitudine într-o stare sau în alta, în funcţie de starea sistemului. Prin urmare, memoria trece de la o stare dezordonată la una ordonată. Totuşi, pentru a ne asigura că memoria se află în starea corectă, e nevoie să folosim o anumită cantitate de energie. Această energie se disipă sub formă de căldură şi creşte dezordinea din univers. Se poate demonstra că această creştere a dezordinii este mai mare decât creşterea ordinii memoriei. Astfel, când un calculator înregistrează o informaţie în memorie, dezordinea totală în univers creşte.

Direcţia timpului în care un calculator îşi aminteşte trecutul este aceeaşi cu cea în care dezordinea creşte. Asta înseamnă că senzaţia noastră subiectivă de direcţie a timpului, săgeata psihologică a timpului, este determinată de săgeata termodinamică a timpului. Aceasta face ca legea doua a termodinamicii să devină aproape banală. Dezordinea creşte cu timpul, fiindcă noi măsurăm timpul în direcţia în care creşte dezordinea. Nici că se poate un pariu mai sigur!

CONDIŢIILE LA FRONTIERĂ ALE UNIVERSULUI

Dar de ce s-ar afla universul într-o stare foarte ordonată la unul din capetele timpului, cel pe care îl numim trecut? De ce n-ar fi într-o stare de completă dezordine la orice moment de timp? În fond, aşa ar părea mai probabil. Şi de ce direcția timpului în care dezordinea creşte este aceeaşi cu cea în care universul se extinde? Un posibil răspuns este că pur şi simplu Dumnezeu alege ca universul să se afle într-o stare netedă şi ordonată la începutul fazei de expansiune. N-ar trebui să încercăm să înțelegem de ce, nici să-I cercetăm motivele, fiindcă începutul universului a fost lucrarea lui Dumnezeu. De fapt, putem spune că întreaga istorie a universului este lucrarea lui Dumnezeu.

Avem senzația că universul evoluează conform unor legi bine definite. Aceste legi pot sau nu să fie hotărâte de Dumnezeu, dar s-ar părea că le putem descoperi şi înțelege. Este oare o nesăbuință să sperăm că aceleaşi legi sau unele asemănătoare au fost valabile şi la începutul universului? În teoria clasică a relativității generale, începutul universului trebuie să fi fost o singularitate de densitate şi curbură a spațiului-timp infinite. În aceste condiții, toate legile cunoscute ale fizicii s-ar prăbuşi. Prin urmare, nu le-am putea folosi pentru a prezice cum a început universul.

Universul ar fi putut începe într-o stare foarte netedă şi ordonată. Aceasta ar fi condus la săgeti cosmologice şi termodinamice ale timpului bine definite, aşa cum le observăm acum. Dar ar fi putut la fel de bine să pornească de la o stare foarte neregulată şi dezordonată. În acest caz, universul ar fi fost deja într-o stare de dezordine completă, aşadar dezordinea n-ar fi putut creşte în timp. Fie ar fi rămas constantă, caz în care n-ar exista o săgeată termodinamică a timpului bine definită, fie ar fi scăzut, caz în care săgeata termodinamică a timpului ar avea o direcţie opusă faţă de sageata cosmologică. Nici una din aceste posibilităţi n-ar fi în acord cu ceea ce observăm.

După cum am menţionat, teoria clasică a relativităţii generale prezice că universul a început cu o singularitate în care curbura spaţiului-timp e infinită. De fapt, aceasta înseamnă că relativitatea generală clasică prezice propriul ei eşec. Când curbura spaţiului-timp devine mare, efectele gravitaţiei cuantice devin importante, iar teoria clasică încetează să mai fie o bună descriere a universului. Trebuie să folosim teoria cuantică a gravitaţiei pentru a înţelege cum a început universul.

Într-o teorie cuantică a gravitaţiei luăm în considerare toate istoriile posibile ale universului. Fiecărei istorii îi sunt asociate două numere. Unul reprezintă mărimea unei unde, celălalt alura ei, adică ne spune dacă arată ca o creastă sau ca o vale. Probabilitatea ca universul să aibă o anumită proprietate e dată de suma undelor corespunzând tuturor istoriilor care au acea proprietate. Istoriile sunt spaţii curbe care reprezintă evoluţia universului în timp. Mai trebuie totuşi să precizăm cum se comportă istoriile posibile ale universului la frontiera spaţiului-timp din trecut. Dar nu cunoaştem, şi nici nu putem cunoaşte, condiţiile la frontieră ale universului în trecut. Am putea însă evita această dificultate dacă am considera condiţia „fără frontieră“ drept condiţia la frontieră a universului. Cu alte cuvinte, toate istoriile posibile sunt finite ca întindere, dar n-au frontiere, margini sau singularități. Sunt ca suprafața Pământului, dar cu două dimensiuni în plus. În acest caz, începutul timpului ar fi un punct neted, regulat, din spațiu-timp. Asta înseamnă că universul și-a început expansiunea într-o stare foarte netedă și ordonată. Nu putea să fie perfect omogenă, pentru că astfel principiul incertitudinii din mecanica cuantică ar fi fost încălcat. Trebuie să fi existat mici fluctuații în densitatea și vitezele particulelor. Din condiția „fără frontieră" rezultă însă că aceste fluctuații au fost pe cât de mici e cu putință, în conformitate cu principiul incertitudinii.

Universul ar fi început cu o perioadă de expansiune exponențială sau „inflaționară", în care mărimea lui a crescut cu un factor imens. În timpul acestei expansiuni, fluctuațiile densității au rămas mici în primele momente, dar mai târziu au început să crească. Regiunile în care densitatea era puțin mai mare decât media au avut o expansiune încetinită de atracția gravitațională a surplusului de masă. În cele din urmă, aceste regiuni au încetat să se extindă și au colapsat, formând galaxii, stele și ființe precum noi.

Universul ar fi început așadar într-o stare netedă și ordonată, pentru a deveni neregulat și dezordonat cu trecerea timpului. Aceasta ar explica existența săgeții termodinamice a timpului – trecerea de la ordine la dezordine. După cum am arătat mai sus, săgeata psihologică a timpului este îndreptată în aceeași direcție ca săgeata termodinamică. Direcția timpului pe care noi o percepem subiectiv este aşadar aceea în care universul se extinde, iar nu cea opusă, în care universul s-ar contracta.

SE POATE INVERSA SĂGEATA TIMPULUI?

Ce se va întâmpla însă dacă şi când universul se va opri din expansiune şi va începe să se contracte? Se va inversa săgeata termodinamică, iar dezordinea va începe să scadă cu timpul? Aceasta ar conduce la tot felul de posibilităţi ştiinţifico-fantastice pentru supravieţuitorii trecerii de la faza de expansiune la cea de contracţie. Vor vedea ei oare cioburi de căni adunându-se singure de pe jos şi sărind înapoi pe masa? Vor putea ei să-şi amintească preţurile de mâine şi să facă averi la bursă?

Pare că facem speculaţii prea îndepărtate dacă ne preocupă ce se va întâmpla când universul va colapsa, fiindcă, cel puţin în următoarele zece miliarde de ani, nu va începe să se contracte. Dar există o cale mai simplă de a afla ce se va întâmpla atunci: n-avem decât să ne aruncăm într-o gaură neagră. Colapsul unei stele pentru a forma o gaură neagră seamănă cu etapele finale ale colapsului întregului univers. Astfel, dacă dezordinea ar scădea în faza de contracţie a universului, ne-am aştepta ca ea să scadă şi în interiorul unei găuri negre. Pesemne că un astronaut care cade într-o gaură neagră ar putea face bani la ruletă amintindu-şi, înainte să parieze, unde a picat bila. Din păcate însă nu va avea prea mult timp la dispoziţie ca să joace, înainte de a fi transformat în spaghetti de câmpurile gravitaționale extrem de intense. Şi nici nu ne va putea da de ştire despre inversarea săgeții termodinamice, ca să nu mai vorbim că n-ar apuca să-şi depună câştigurile la bancă, fiindcă ar fi prins în capcană, în spatele orizontului evenimentelor găurii negre.

La început, am crezut că dezordinea va scădea atunci când universul va colapsa. Aceasta pentru că am crezut că universul va trebui să se întoarcă într-o stare netedă şi ordonată atunci când va redeveni mic, ceea ce ar însemna că faza de contracție este ca faza de expansiune, dar cu timpul inversat. Oamenii din faza de contracție şi-ar trăi viețile de-a-ndăratelea. Ar muri înainte să se nască şi ar întineri pe măsură ce universul se contractă. Ideea e atrăgătoare, fiindcă presupune o frumoasă simetrie între faza de dilatare şi cea de contracție. Totuşi, nu o putem adopta ca atare, independent de alte idei despre univers. Se pune atunci întrebarea: rezultă ea din condiția „fără frontieră" sau e incompatibilă cu această condiție?

După cum am spus, la început m-am gândit că din condiția „fără frontieră" rezultă într-adevăr că dezordinea scade în faza de contracție. Aceasta se baza pe studiul unui model simplu al universului, în care faza de colaps arată ca o inversie temporală a fazei de expansiune. Însă un coleg de-al meu, Don Page, a arătat că din condiția „fără frontieră" nu rezultă neapărat că faza de contracție este inversia temporală a fazei de expansiune. Apoi, unul dintre studenții mei, Raymond Laflamme, a descoperit că, într-un model puțin mai complicat, colapsul universului este foarte diferit de expansiune. Mi-am dat seama că făcusem o greşeală. De fapt, din condiţia „fără frontieră“ rezulta că dezordinea va continua să crească în timpul contracţiei. Săgeţile termodinamică şi psihologică ale timpului nu se vor inversa atunci când universul va începe să se contracte sau în interiorul găurilor negre.

Ce poţi face când îţi dai seama că ai făcut o asemenea greşeală? Unii oameni, cum a fost Eddington, nu recunosc niciodată că au greşit. Ei continuă să găsească noi argumente, adesea contradictorii, care să vină în sprijinul tezei lor. Alţii pretind că de fapt n-au susţinut niciodată cu adevărat ideea incorectă, sau, dacă au susţinut-o, a fost doar ca să arate că e inconsistentă. Aş putea da numeroase exemple în acest sens, dar n-am s-o fac, fiindcă mi-aş atrage foarte multe antipatii. Cred că e mai bine şi mai puţin derutant să recunoşti în scris că ai greşit. Un bun exemplu în acest sens e Einstein, care a spus că introducerea constantei cosmologice pentru a obţine un model static al universului a fost cea mai mare greşeală din viaţa lui.

A ŞAPTEA PRELEGERE

Teoria universală

Ar fi foarte greu să construim din prima încercare o teorie universală* unificată şi completă, dar am avansat găsind teorii parţiale. Acestea descriu un domeniu limitat de evenimente şi ignoră alte efecte sau le aproximează prin anumite numere. În chimie, de exemplu, putem calcula interacţiunile atomilor fără să cunoaştem structura internă a nucleului atomic. Sperăm totuşi ca în cele din urmă să găsim o teorie unificată completă şi coerentă, care să includă toate aceste teorii parţiale ca aproximaţii. Căutarea acestei teorii e cunoscută drept „unificarea fizicii".

Einstein şi-a petrecut cea mai mare parte a ultimilor ani din viaţă căutând fără succes o teorie unificată, dar încă nu sosise momentul: se ştia prea puţin despre forţele nucleare. În plus, Einstein a refuzat să creadă în valabilitatea mecanicii cuantice, în ciuda rolului important pe care el însuşi l-a jucat în dezvoltarea ei.

---

* Sintagma englezească *theory of everything*, tradusă în alte cărţi apărute la Humanitas prin „teoria a tot ce există", a fost echivalată aici prin „teoria universală". (*N. ed.*)

Se pare totuşi că principiul incertitudinii e o trăsătură fundamentală a universului în care trăim. O teorie unificată trebuie aşadar să încorporeze acest principiu.

Şansele ca o asemenea teorie să fie găsită par mult mai mari acum, deoarece ştim mult mai multe despre univers. Să nu fim însă prea încrezători. Ne-am făcut şi în trecut iluzii deşarte. La începutul secolului XX, de pildă, se credea că totul poate fi explicat pe baza proprietăţilor materiei continue, cum sunt elasticitatea şi conductivitatea termică, dar această convingere a fost infirmată prin descoperirea structurii atomice şi a principiului incertitudinii. Apoi, în 1928, Max Born a spus unui grup de vizitatori la Universitatea din Göttingen: „Fizica aşa cum o cunoaştem noi va fi încheiată în şase luni.“ Încrederea lui se baza pe recenta descoperire de către Dirac a ecuaţiei care guvernează electronul. Se credea că o ecuaţie asemănătoare guvernează şi protonul, cealaltă particulă cunoscută la acel moment, iar astfel se va încheia fizica teoretică. Descoperirea neutronului şi a forţelor nucleare a năruit însă şi acea convingere.

Acestea fiind zise, îmi menţin părerea că putem privi cu un optimism prudent perspectiva ca în viitorul apropiat să descoperim legile ultime ale naturii. Deocamdată avem câteva teorii parţiale: relativitatea generală, teoria parţială a gravitaţiei, şi teoriile parţiale care guvernează forţele slabă, tare şi electromagnetică. Ultimele trei pot fi combinate în aşa-numitele teorii ale marii unificări, al căror neajuns este că nu includ gravitaţia. Principala dificultate în găsirea unei teorii care să unifice gravitația cu celelalte forțe este că relativitatea generală e o teorie clasică, adică nu încorporează principiul incertitudinii din mecanica cuantică, în vreme ce celelalte teorii parțiale depind în mod esențial de mecanica cuantică. Un prim pas necesar este deci să combinăm relativitatea generală cu principiul incertitudinii. După cum am văzut, aceasta poate avea consecințe remarcabile, cum e faptul că găurile negre nu sunt chiar negre sau ideea că universul e complet autonom și fără frontiere. Problema este că din principiul incertitudinii rezultă că și spațiul gol este plin cu perechi de particule și antiparticule virtuale. Aceste perechi ar avea o cantitate infinită de energie, prin urmare atracția lor gravitațională ar face ca universul să se încolăcească în sine devenind infinit mic.

În mod asemănător, infiniți absurzi apar și în celelalte teorii cuantice, dar în acest caz ei pot fi anulați printr-un proces numit renormare, care presupune ajustarea maselor particulelor și a tăriei forțelor din teorie printr-o cantitate infinită. Deși această tehnică este destul de dubioasă matematic, în practică pare să funcționeze. Ea a fost folosită pentru a face predicții care au fost confirmate cu o precizie extraordinară de rezultatele experimentale. Renormarea are totuși un neajuns important din perspectiva căutării unei teorii complete. Când scazi infinit din infinit, rezultatul poate fi oricare. Asta înseamnă că valorile reale ale maselor și tăriilor forțelor nu pot fi prezise de teorie, ci trebuie alese așa încât să corespundă observațiilor. În cazul relativității generale, există numai două cantități care pot fi ajustate: tăria gravitației și valoarea constantei cosmologice. Ajustarea lor nu e însă suficientă pentru a elimina toți infiniții. Avem așadar o teorie care pare să spună că anumite cantități, cum e curbura spațiului-timp, sunt infinite, și totuși măsurătorile arată că sunt finite. Într-o încercare de a rezolva această problemă, în 1976 a fost propusă o teorie numită „supergravitație“, care era de fapt relativitatea generală cu câteva particule în plus.

În relativitatea generală se consideră că purtătoarea forței gravitaționale este o particulă de spin 2 numită graviton. Ideea era să se adauge și alte particule de spin 3/2, 1, 1/2 și 0. Într-un fel, toate aceste particule puteau fi privite ca aspecte diferite ale aceleiași „superparticule“. Perechile virtuale de particulă/antiparticulă cu spin 1/2 și 3/2 ar avea energie negativă, iar aceasta ar contrabalansa energia pozitivă a perechilor virtuale de particule cu spin 0, 1 și 2. Astfel, mulți dintre infiniții posibili s-ar anula, dar exista temerea că unii infiniți ar rămâne. Calculele necesare pentru a afla dacă mai rămâneau infiniți neanulați erau însă atât de laborioase, încât nimeni nu era pregătit să le efectueze. Chiar și apelând la computer, se estima că ar dura peste patru ani. Erau șanse foarte mari să apară cel puțin o greșeală, și probabil mai multe. Prin urmare, ca să fii sigur de rezultat, trebuia ca altcineva să repete calculul și să obțină același lucru, ceea ce părea greu de închipuit.

Din cauza acestei dificultăți, fizicienii s-au orientat către aşa-numitele teorii ale corzilor. În aceste teorii obiectele fundamentale nu sunt particule care ocupă un singur punct în spațiu, ci au lungime, fără să aibă şi alte dimensiuni, ca o buclă de ață infinit de subțire.* O particulă ocupă un punct în spațiu la fiecare moment de timp. Astfel, istoria sa poate fi reprezentată printr-o linie în spațiu-timp numită „linie de univers". O coardă însă ocupă o linie în spațiu la fiecare moment de timp, iar istoria ei în spațiu-timp este o suprafață bidimensională numită „foaie de univers". Orice punct pe o asemenea foaie de univers poate fi descris prin două numere, unul specificând timpul, iar celălalt poziția punctului pe coardă. Foaia de univers a unei corzi închise este un cilindru sau un tub. O secțiune prin tub este un cerc, care reprezintă poziția corzii la un moment dat.

Două corzi se pot uni pentru a forma o singură coardă, la fel cum se unesc cracii unei perechi de pantaloni. În mod asemănător, o coardă se poate împărți în două corzi. În teoria corzilor, obiectele care erau înainte considerate particule sunt acum reprezentate ca unde ce se deplasează pe o coardă. Emisia sau absorbția unei particule de către o alta corespunde divizării sau unirii corzilor. De exemplu, forța gravitațională

* Pentru o prezentare mai amplă a teoriei corzilor, vezi Brian Greene, *Universul elegant* (Editura Humanitas, Bucureşti, 2008), şi Leonard Susskind, *Peisajul cosmic* (Editura Humanitas, Bucureşti, 2012). (*N. ed.*)

exercitată de Soare asupra Pământului corespunde unui tub sau unei țevi în formă de H. Teoria corzilor este într-un fel ca o țevărie. Undele de pe cele două părți verticale ale H-ului corespund particulelor din Soare și de pe Pământ, iar undele de pe linia orizontală a H-ului corespund forței gravitaționale care se propagă între ele.

Teoria corzilor are o istorie ciudată. A fost creată la sfârșitul anilor 1960 în încercarea de a găsi o teorie care să descrie forța nucleară tare. Ideea era că particulele ca protonul și neutronul ar putea fi privite ca unde pe o coardă. Forțele tari dintre particule ar corespunde unor corzi care se prind între alte corzi, ca într-o pânză de păianjen. Pentru ca teoria să conducă la valoarea observată pentru forța tare dintre particule, corzile trebuiau să fie ca niște benzi de cauciuc întinse sub o tensiune de aproximativ zece tone-forță.

În 1974, Joël Scherk și John Schwarz au publicat un articol în care au arătat că teoria corzilor ar putea descrie forța gravitațională, dar numai dacă tensiunea în coardă ar fi mult mai mare – aproximativ 10^{39} tone-forță. Predicțiile teoriei corzilor ar fi aceleași cu ale teoriei relativității generale la scări normale de lungime, dar ar diferi la distanțe foarte mici – sub 10^{-33} centimetri. Articolul lor nu s-a bucurat însă de prea multă atenție, fiindcă la vremea aceea majoritatea fizicienilor abandonaseră varianta inițială a teoriei corzilor, concepută pentru forța tare. Scherk a murit în împrejurări tragice. Suferea de diabet și a intrat în comă când nimeni nu era lângă el să-i facă o injecție cu insulină. Astfel, Schwarz a rămas aproape singurul susţinător al teoriei corzilor, dar care acum presupunea o valoare mult mai mare a tensiunii în coardă.

Două par să fi fost motivele pentru reînvierea bruscă, în 1984, a interesului pentru corzi. Unul a fost că nu se făceau mari progrese pentru a demonstra că supergravitaţia e finită sau că poate explica tipurile de particule pe care le observăm. Celălalt a fost publicarea unui articol de către John Schwarz şi Mike Green, în care se arăta că teoria corzilor ar putea explica existenţa particulelor cu helicitate stângă intrinsecă, cum sunt unele dintre particulele pe care le observăm.* Indiferent care au fost motivele, numeroşi cercetători au început să lucreze în domeniul teoriei corzilor. A apărut şi o nouă versiune, aşa-numita coardă heterotică. Ea părea să poată explica tipurile de particule observate.

Teoriile corzilor conduc şi ele la infiniţi, dar se crede că se vor anula cu toţii în versiuni cum e coarda heterotică. Teoriile corzilor se confruntă însă cu o problemă şi mai serioasă. Ele par să fie consistente numai dacă spaţiul-timp are fie zece, fie douăzeci şi şase de dimensiuni, în loc de cele patru cu care suntem obişnuiţi. Desigur, dimensiunile suplimentare

---

* O particulă are helicitate dreaptă dacă direcţia spinului este aceeaşi cu direcţia impulsului, şi helicitate stângă dacă direcţia spinului este contrară direcţiei impulsului. S-a constatat că neutrinii au mereu helicitate stângă (iar antineutrinii helicitate dreaptă). (*N. ed.*)

sunt un lucru comun în domeniul ştiinţifico-fantastic. Altminteri, faptul că relativitatea ne spune că nu putem călători mai repede decât lumina înseamnă că ar dura mult prea mult să străbatem galaxia noastră, ca să nu mai vorbim de călătoria în alte galaxii. Ideea ştiinţifico-fantastică este că putem găsi o scurtătură printr-o dimensiune superioară. Ne putem reprezenta acest lucru închipuindu-ne că spaţiul în care trăim are doar două dimensiuni şi că e curbat ca suprafaţa unui covrig sau a unui tor. Dacă v-aţi afla pe o parte a inelului şi aţi vrea să ajungeţi într-un punct de pe cealaltă parte, ar trebui să vă învârtiţi în jurul inelului. Dacă însă v-aţi putea deplasa în a treia dimensiune, aţi putea merge drept.

De ce nu observăm toate aceste dimensiuni suplimentare, dacă ele există într-adevar? De ce observăm doar trei dimensiuni spaţiale şi una temporală? Ideea este că celelalte dimensiuni sunt încolăcite într-un spaţiu foarte mic, ceva de ordinul unei milionimi de milionime de milionime de milionime de milionime dintr-un centimetru. E atât de mic, încât pur şi simplu nu-l observăm. Vedem doar cele trei dimensiuni spaţiale şi cea temporală în care spaţiul-timp e plat. Este la fel ca suprafaţa unei portocale: dacă te uiţi la ea de aproape, e plină de protuberanţe şi încreţituri, dar, dacă te uiţi de la distanţă, pare netedă. Aşa stau lucrurile şi cu spaţiul-timp. La scară foarte mică, are zece dimensiuni şi e puternic curbat. La scară mare însă nu vezi curbura sau dimensiunile suplimentare.

Dacă descrierea e corectă, amatorii de călătorii spațiale primesc o veste proastă. Dimensiunile suplimentare sunt mult prea mici pentru a permite trecerea unei nave spațiale. Dar se pune o nouă întrebare: De ce unele dimensiuni, dar nu toate, sunt încolăcite într-o bilă minusculă? Pesemne că în universul timpuriu toate dimensiunile au fost puternic curbate. De ce trei dimensiuni spațiale și una temporală s-au aplatizat, iar celelalte au rămas strâns încolăcite?

Un răspuns posibil e dat de principiul antropic. Două dimensiuni spațiale nu par suficiente pentru a permite dezvoltarea unor ființe complexe ca noi. De pildă, oameni bidimensionali trăind pe un Pământ unidimensional ar trebui să urce unul peste altul ca să treacă unul de altul. Dacă o ființă bidimensională ar mânca ceva, n-ar putea să digere complet, ci ar trebui să elimine rămășițele pe unde le-a înghițit, fiindcă, dacă ar exista vreun canal prin corpul ei, acesta ar împărți ființa în două părți separate. Ființa noastră bidimensională s-ar dezmembra. În mod asemănător, e greu de închipuit cum ar putea circula sângele într-o astfel de ființă. Ar apărea probleme și pentru mai mult de trei dimensiuni spațiale. Forța gravitațională dintre două corpuri ar scădea mai rapid cu distanța decât în trei dimensiuni, ceea ce ar face ca orbitele planetelor, cum e Pământul, în jurul Soarelui să fie instabile. Cea mai mică abatere de la o orbită circulară, de pildă una provocată de atracția gravitațională a altor planete, ar face ca Pământul să urmeze o traiectorie spirală care să-l îndepărteze de Soare sau să-l îndrepte spre el. Fie am îngheța, fie am arde. De fapt, aceeași dependență a gravitației de distanță ar face ca și Soarele să fie instabil. Fie s-ar dezintegra, fie ar colapsa pentru a forma o gaură neagră. În nici unul din cazuri n-ar putea fi o sursă de căldură și lumină pentru viața de pe Pământ. La scară mică, forțele electrice care fac ca electronii să se rotească în jurul nucleului atomic s-ar comporta la fel ca forțele gravitaționale. Astfel, electronii fie ar evada din atom, fie ar cădea pe nucleu urmând o traiectorie în spirală. În nici unul din cazuri n-ar mai exista atomi așa cum îi știm noi.

Pare evident că viața, cel puțin așa cum o cunoaștem, poate exista doar în regiuni ale spațiului-timp în care trei dimensiuni spațiale și una temporală nu sunt strâns încolăcite. Asta înseamnă că am putea apela la principiul antropic, cu condiția să arătăm că teoria corzilor permite existența unor asemenea regiuni în univers. Și se pare că fiecare teorie a corzilor permite într-adevăr existența unor asemenea regiuni. Ar putea foarte bine să existe alte regiuni ale universului, sau ale altor universuri (indiferent ce ar însemna asta), în care toate dimensiunile să fie strâns încolăcite sau în care mai mult de patru dimensiuni să fie aproape plate. În astfel de regiuni n-ar exista însă ființe inteligente care să observe numărul diferit al dimensiunilor efective.

În afară de problema numărului dimensiunilor efective pe care spațiul-timp pare să le aibă, în teoria corzilor mai apar și alte probleme care trebuie rezolvate înainte ca ea să poată fi proclamată teoria unificată ultimă a fizicii. Nu ştim încă dacă toţi infiniţii se anulează între ei, sau cum să legăm undele de pe o coardă cu diversele tipuri de particule pe care le observăm. Probabil însă că răspunsurile la aceste întrebări vor fi găsite în următorii ani, şi că vom afla dacă teoria corzilor este într-adevăr mult căutata teorie unificată a fizicii.

Poate cu adevărat să existe o teorie universală unificată? Sau alergăm după o himeră? Par să existe trei posibilităţi:

- Există într-adevăr o teorie unificată completă, pe care o vom descoperi cândva, dacă vom fi suficient de deştepţi.
- Nu există o teorie ultimă a universului, ci doar un şir infinit de teorii care descriu universul din ce în ce mai precis.
- Nu există nici o teorie a universului. Evenimentele nu pot fi prezise dincolo de un anumit domeniu, şi se produc într-o manieră întâmplătoare şi arbitrară.

Unii ar susţine a treia posibilitate pe motiv că, dacă ar exista un set complet de legi, aceasta ar încălca libertatea lui Dumnezeu de a se răzgândi şi a interveni în lume. Este ca în acel vechi paradox: poate Dumnezeu crea o piatră atât de grea încât să n-o poată ridica? Dar, după cum a arătat Sfântul Augustin, ideea că Dumnezeu s-ar putea răzgândi este un exemplu de erezie în care ni-L închipuim pe Dumnezeu ca pe o ființă care există în timp. Timpul e o proprietate caracteristică doar universului creat de Dumnezeu. A ştiut El pesemne de ce l-a înzestrat cu această proprietate.

Odată cu apariția mecanicii cuantice am înțeles că evenimentele nu pot fi prezise cu precizie absolută, ci există mereu un grad de incertitudine. Dacă vreți, puteți pune acest caracter aleator pe seama intervenției lui Dumnezeu, dar ar fi un tip de intervenție foarte ciudat. Nu există nici o dovadă că ea ar fi orientată către un scop, fiindcă atunci n-ar mai fi aleatoare. În epoca modernă, a treia posibilitate a fost înlăturată prin redefinirea scopului ştiinței. Obiectivul nostru e să formulăm un set de legi care ne vor permite să prezicem evenimente până la limita stabilită de principiul incertitudinii.

A doua posibilitate, existența unui şir infinit de teorii din ce în ce mai rafinate, este în acord cu întreaga noastră experiență de până acum. De multe ori am sporit precizia măsurătorilor noastre sau am făcut un nou tip de observații doar pentru a descoperi noi fenomene care nu erau prezise de teoria existentă. Pentru a le explica, a trebuit să elaborăm o teorie mai avansată. N-ar fi deci surprinzător să aflăm că teoriile marii unificări din prezent sunt infirmate atunci când sunt testate cu acceleratoare de particule mai mari şi mai puternice. Căci, dacă nu ne-am aştepta să fie infirmate, n-am cheltui atâția bani ca să construim dispozitive mai puternice.

Se pare totuşi că gravitaţia poate stabili o limită pentru acest şir de „cutii în cutii". Dacă am avea o particulă cu o energie peste aşa-numita energie Planck, de aproximativ 10^{19} GeV, masa ei ar fi atât de concentrată, încât s-ar separa de restul universului şi ar forma o mică gaură neagră. Se pare deci că şirul teoriilor din ce în ce mai rafinate ar trebui într-adevăr să aibă o limită, pe măsură ce ne îndreptăm spre energii tot mai mari. Ar trebui să existe o teorie ultimă a universului. Desigur, de la energiile de ordinul unui GeV, cele mai mari care pot fi atinse deocamdată în laborator*, şi până la energia Planck mai e cale lungă. Pentru a face acest salt am avea nevoie de un accelerator mai mare decât sistemul solar. În climatul economic actual e puţin probabil să se găsească fonduri pentru un asemenea accelerator.

În primele faze ale universului trebuie să fi apărut însă astfel de energii. Cred că avem şanse mari ca studiul universului timpuriu şi cerinţele de consistenţă matematică să ne conducă nu peste mult timp la o teorie unificată completă – presupunând că nu ne aruncăm singuri în aer până atunci.

Ce ar însemna dacă am descoperi într-adevar teoria ultimă a universului? S-ar încheia un capitol lung şi glorios din istoria strădaniilor noastre de a înţelege universul, şi, în acelaşi timp, s-ar schimba perspectiva

---

* Între timp, la acceleratorul LHC de la Geneva s-a ajuns le energii de ordinul TeV-ilor, adică de o mie de ori mai mari. (*N. ed.*)

publicului larg privind legile care guvernează universul. Pe vremea lui Newton un om instruit putea cuprinde întreaga cunoaştere umană, cel puţin în linii mari. De atunci însă, ritmul dezvoltării ştiinţei a făcut imposibil acest lucru. Teoriile au fost mereu modificate pentru a explica noile observaţii. N-au fost niciodată bine asimilate sau simplificate pentru ca publicul larg să le înţeleagă. Trebuia să fii specialist, dar nici atunci nu puteai spera să ai o imagine corectă decât asupra unei mici părţi din teoriile ştiinţifice.

Apoi, ritmul progresului a devenit atât de rapid, încât ce învăţai la şcoală sau la facultate era întotdeauna puţin depăşit. Doar câţiva oameni puteau ţine pasul cu înaintarea frontierei cunoaşterii, iar ei trebuiau să-şi dedice tot timpul pentru asta şi să se specializeze într-un domeniu îngust. Restul lumii nu prea avea idee despre progresele făcute sau despre entuziasmul produs de ele.

Acum şaptezeci de ani, dacă e să-l credem pe Eddington, doar doi oameni înţelegeau teoria generală a relativităţii. Astăzi, zeci de mii de absolvenţi de universitate o înţeleg, şi multe milioane de oameni au măcar o idee vagă despre ea. Dacă ar fi descoperită o teorie unificată completă ar fi doar o chestiune de timp pentru ca ea să fie asimilată şi simplificată în acelaşi fel. Am putea atunci înţelege în oarecare măsură legile care guvernează universul şi cărora le datorăm existenţa.

Einstein şi-a pus odată întrebarea: „Cât de multe opţiuni a avut Dumnezeu când a construit universul?“

Dacă ipoteza „fără frontieră“ e corectă, El n-a avut nici o libertate în alegerea condiţiilor iniţiale. Ar fi avut, bineînţeles, libertatea de a alege legile cărora li se supune universul, dar asta nu înseamnă prea multe opţiuni. Ar putea exista doar una sau extrem de puţine teorii unificate complete care să fie coerente şi să permită apariţia fiinţelor inteligente.

Ne putem întreba despre natura lui Dumnezeu chiar şi dacă există o singură teorie unificată posibilă, care e doar un set de reguli şi ecuaţii. Ce anume însufleţeşte ecuaţiile şi creează un univers pe care acestea îl descriu? Abordarea obişnuită a ştiinţei de a construi un model matematic nu poate răspunde la întrebarea de ce trebuie să existe un univers pe care modelul să-l descrie. De ce s-ar strădui universul să existe? Este teoria unificată atât de puternică încât să dicteze propria ei existenţă? Sau are nevoie de un creator? Şi, în acest caz, are El vreo altă influenţă asupra universului, în afară de faptul că e răspunzător de existenţa acestuia? Dar pe El cine L-a creat?

Majoritatea oamenilor de ştiinţă au fost până acum prea ocupaţi cu elaborarea noilor teorii care descriu cum este universul, pentru a-şi mai pune şi întrebarea de ce. Pe de altă parte, cei al căror rost e să-şi pună întrebarea de ce – filozofii – n-au putut ţine pasul cu progresul teoriilor ştiinţifice. În secolul XVIII, filozofii considerau că întreaga cunoaştere umană, inclusiv ştiinţa, era domeniul lor. Ei îşi puneau întrebări de genul: A avut universul un început? În secolele XIX şi XX ştiinţa a devenit însă mult prea tehnică şi matematizată pentru filozofi sau toţi ceilalţi, cu excepţia unui număr mic de specialişti. Filozofii şi-au redus domeniul de cercetare atât de mult, încât Wittgenstein, cel mai celebru filozof al secolului XX, spunea: „Singura sarcină care rămâne filozofiei este analiza limbajului." Ce decădere în raport cu marea tradiţie a filozofiei de la Aristotel la Kant!

Dacă vom descoperi însă până la urmă o teorie completă, cu timpul, ea va ajunge să fie înţeleasă în principiu de toată lumea, nu doar de câţiva oameni de ştiinţă. Vom putea atunci participa cu toţii la discuţia în jurul întrebării de ce există universul. Dacă vom găsi răspunsul la această întrebare, va fi triumful suprem al raţiunii umane, căci atunci vom pătunde în mintea lui Dumnezeu.

Cuprins

În colecția **Știință** au mai apărut

STEPHEN HAWKING
SCURTĂ ISTORIE A TIMPULUI
De la big bang la găurile negre

Cu toate contribuțiile sale de prim rang în fizică și cosmologie, Stephen Hawking nu ar fi ajuns probabil să fie atât de cunoscut publicului larg dacă nu ar fi scris în 1987 *Scurtă istorie a timpului*. „Nu mă așteptam ca *Scurtă istorie a timpului* să aibă atâta succes — avea să mărturisească Hawking. Ea a rămas timp de peste patru ani pe lista *Sunday Times* a celor mai bine vândute cărți, adică mai mult decât a rezistat acolo orice altă carte, fapt remarcabil pentru o lucrare științifică destul de dificilă." Între timp, s-au vândut peste 10 milioane de exemplare. Notorietatea cărții se explică atât prin problemele pe care le atacă (nașterea universului, natura timpului și spațiului), cât și prin stilul direct și simplu care te face să ajungi la punctele-cheie ale dezbaterilor actuale.

STEPHEN HAWKING
UNIVERSUL ÎNTR-O COAJĂ DE NUCĂ

„Aș putea fi închis într-o coajă de nucă și să mă cred regele spațiului infinit..." spune Hamlet, iar cartea lui Hawking e o demonstrație a libertății minții noastre de a explora întregul univers, în ciuda limitării fizice la care suntem supuși. Mai mult, libertatea gândului e ilustrată aici la propriu — desenele spectaculoase și superbele fotografii ale galaxiilor o așază alături de cele mai frumoase albume de artă. Prin cuvinte și imagini, Hawking abandonează schema prezentării liniare, din aproape în aproape, folosită în *Scurtă istorie a timpului*, în favoarea unei dezvoltări arborescente care dă independență capitolelor — fiecare din ele devine un drum spre frontierele fizicii actuale. În plus, o notă de fantastic: perspectivele călătoriei în timp și viitorul unei omeniri dominate de inteligența artificială.

STEPHEN HAWKING
VISUL LUI EINSTEIN ŞI ALTE ESEURI

După Albert Einstein, Stephen Hawking este fără îndoială cel mai celebru fizician. În rândul oamenilor de ştiinţă, celebritatea lui vine din contribuţia la studiul găurilor negre, apoi din participarea sa la aventura cosmologică în care sunt propuse noi şi noi modele ale cosmosului, în acord cu teoriile ce încearcă să descrie universul microscopic. Pentru publicul larg însă, Hawking a devenit celebru ca autorul celei mai bine vândute cărţi de popularizare a ştiinţei, *Scurtă istorie a timpului*, şi ca exemplu de tărie morală: de decenii Hawking e ţintuit într-un cărucior cu rotile şi ţine legătură cu lumea printr-un calculator. Vocea lui e vocea calculatorului. *Visul lui Einstein* reuneşte eseuri ştiinţifice destinate publicului larg şi pagini autobiografice. Cartea se încheie cu un interviu din 1992 al cărui punct de plecare e muzica: ce discuri ar lua Hawking cu el pe o insulă pustie?... Nu numai fizica, dar şi muzica îl apropie pe Hawking de Einstein.

STEPHEN HAWKING, LEONARD MLODINOW
MARELE PLAN

În *Marele plan*, Stephen Hawking şi Leonard Mlodinow îşi confruntă cititorii cu unele dintre cele mai profunde şi grave întrebări pe care şi le pot pune oamenii: Când şi cum a apărut universul? De ce ne aflăm aici? De ce există ceva mai degrabă decât nimic? Care este natura realităţii? De ce legile naturii sunt atât de fin reglate încât să permită apariţia unor fiinţe ca noi? Este oare aparentul „mare plan" al universului nostru dovada existenţei unui creator, sau poate ştiinţa oferi o altă explicaţie?

Răspunsurile date aici de Stephen Hawking, unul dintre cei mai mari savanţi ai timpurilor noastre, şi de Leonard Mlodinow, fizician şi scenarist al serialului *Star Trek*, pornesc de la ideea că universul nu are doar o singură istorie, ci toate istoriile sale posibile există simultan – idee care ne schimbă radical felul în care suntem obişnuiţi să privim lumea.